汽车使用性能与检测

（第3版）

主编 杨化莉 马亚男 刘 松

北京理工大学出版社
BEIJING INSTITUTE OF TECHNOLOGY PRESS

内容提要

本书根据汽车类专业教学标准及从事汽车职业的在岗人员对基础知识、基本技能和基本素质的需求，结合汽车专业人才培养的目的，重点介绍汽车使用性能与检测技术相关知识、汽车的动力性、汽车的燃油经济性、汽车的制动性、汽车的操纵稳定性、汽车的平顺性和通过性、汽车前照灯检测、汽车排放物的危害及检测等内容。全书讲解清晰、简练，配有大量的图片，明了直观。本书按照汽车使用性能与检测作业项目的实际工艺过程编写，结合目前流行的模块化教学的实际需求，理论联系实际，重视理论，突出实操。

本书适合作为中等职业院校汽车专业教材，也可作为汽车售后服务站专业技术人员的培训教材。

图书在版编目（CIP）数据

汽车使用性能与检测 / 杨化莉，马亚男，刘松主编
. -- 3 版 . -- 北京 ：北京理工大学出版社，2023.4
ISBN 978-7-5763-0796-2

Ⅰ. ①汽… Ⅱ. ①杨… ②马… ③刘… Ⅲ. ①汽车 - 性能检测 - 中等专业学校 - 教材 Ⅳ. ①U472.9

中国版本图书馆 CIP 数据核字（2021）第 266997 号

出版发行 / 北京理工大学出版社有限责任公司
社 址 / 北京市海淀区中关村南大街 5 号
邮 编 / 100081
电 话 /（010）68914775（总编室）
（010）82562903（教材售后服务热线）
（010）68944723（其他图书服务热线）
网 址 / http://www.bitpress.com.cn
经 销 / 全国各地新华书店
印 刷 / 定州市新华印刷有限公司
开 本 / 889 毫米 ×1194 毫米 1/16
印 张 / 12
字 数 / 240 千字
版 次 / 2023 年 4 月第 3 版 2023 年 4 月第 1 次印刷
定 价 / 44.00 元

责任编辑 / 陆世立
文案编辑 / 陆世立
责任校对 / 周瑞红
责任印制 / 边心超

前言

截至 2019 年 6 月，我国汽车保有量已经突破 2.5 亿辆。随着汽车工业的迅猛发展，大量新知识、新技术不断涌现，并被迅速推广和应用。汽车技术的这一变化，必然引起汽车运用领域的相关产业和相关技术的根本性变革，了解汽车使用性能，正确合理使用汽车，以及正确选择汽车检测方法等已经变得越来越迫切。

为深入贯彻《国务院关于加快发展现代职业教育的决定》精神，积极推进课程改革和教材建设，校企“双元”合作开发教材，为中等职业教育教学提供更加丰富、多样的实用教材，适应经济发展、产业升级和技术进步，满足交通运输业科学发展的需要。北京理工大学出版社特邀请一批知名行业专家、学者以及一线骨干教师，按照“专业设置与产业企业岗位需求对接、课程内容与职业标准对接、教学过程与生产过程对接”的“三对接”要求，出版了该套图解版汽车职业教育系列教材。

“汽车使用性能与检测”是中职汽车运用与维修专业中的一门主干课程，针对职业教育的特点和规律，紧紧围绕高素质技能型人才的培养目标，以能力为本位，以工作过程为导向，以职业活动为主线，以任务为驱动，以汽车使用性能与检测为主要内容，引入全新的任务驱动式教学模式。本书包括 8 个模块，具体包括汽车使用性能与检测技术相关知识、汽车的动力性、汽车的燃油经济性、汽车的制动性、汽车的操纵稳定性、汽车的平顺性和通过性、汽车前照灯检测、汽车排放物的危害及检测等内容。

本教材在内容编写上具有以下特点:

1. 教材设计符合职业教育理念。本教材以就业为导向，强化文化基础教育和技术技能培养，符合高素质中、初级汽车专业使用人才培养需求。

2. 任务目标清晰明确。每一个课题开始，设置学习任务，使学生在学习前能明确目标，从而在后面的学习中做到有的放矢。在课题中设置“达标测试”等内容，便于学生对课题设计知识内容的理解和记忆。

3. 设置案例任务引领。每一个任务都有来源于岗位实际工作案例导入，学习任务贴近生产实际，便于学生产生学习共鸣，激发学习兴趣，学习目标明确，从而在学习时做到心中有数，有的放矢。

4. 教材组织架构循序渐进。根据中职学生身心发展规律及在日常学习中对于接受知识和理解知识的思维习惯，对任务实例进行系统化的讲解和演示。

5. 教材内容实用简练。内容与生产标准对接，介绍大量企业的典型故障的维修案例，文字简练、脉络清晰、版式新颖，理论阐述言简意赅，遵循“必需”“够用”原则，在保证知识体系相对完整的同时，做到知识技能传授实用和生动。

6. 线上线下资源一体化。教材内容与线上教学资源（教案、教学课件、视频）一体化。通过以上要素有机结合，优化教学效果，打造高效课堂。

本教材由杨化莉、马亚男、刘松担任主编。本书适合作为中等职业院校汽车专业教材，也可作为汽车售后服务站专业技术人员的培训教材。限于编者经历和水平，教材内容难以覆盖全国各中等职业院校的实际情况，希望各学校在选用和推广本系列教材的同时，注重经验总结，及时提出修改意见和建议。

编　者

目录

模块一

汽车使用性能与检测技术相关知识

知识结构

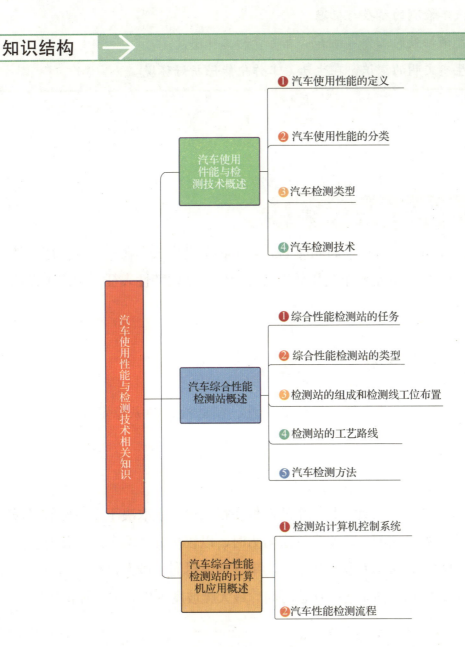

- 汽车使用性能与检测技术相关知识
  - 汽车使用性能与检测技术概述
    1. 汽车使用性能的定义
    2. 汽车使用性能的分类
    3. 汽车检测类型
    4. 汽车检测技术
  - 汽车综合性能检测站概述
    1. 综合性能检测站的任务
    2. 综合性能检测站的类型
    3. 检测站的组成和检测线工位布置
    4. 检测站的工艺路线
    5. 汽车检测方法
  - 汽车综合性能检测站的计算机应用概述
    1. 检测站计算机控制系统
    2. 汽车性能检测流程

知识单元一　汽车使用性能与检测技术概述

学习目标

知识：1. 掌握汽车使用性能的定义、分类及评价指标；
2. 了解汽车检测的分类；
3. 熟悉汽车检测的参数与标准。

素养：1. 养成严谨细致的工作习惯和认真负责的工作态度；
2. 具备生态文明的意识，在生活、工作中能保护好环境。

知识储备

一、汽车使用性能的定义

汽车使用性能（Motor Vehicle Operating Performance）是指汽车在一定的使用条件下，以最高效率工作的能力。它是决定汽车利用效率和方便性的结构特性表征，由汽车设计和制造工艺确定。

二、汽车使用性能的分类

汽车使用性能主要包括动力性、燃油经济性、制动性、操纵稳定性、平顺性和通过性等。

1. 汽车的动力性

汽车作为一种高效的运输工具，其效率的高低在很大程度上取决于动力性的强弱。汽车的动力性是指汽车在良好的路面上，受到一定阻力时，以较快的平均车速行驶的能力。在室内台架测试汽车动力性时，常用底盘输出最大功率、加速时间、最大扭矩等作为主要评价指标。在道路上测试时，常用最高车速、加速时间、最大爬坡度等作为主要评价指标。

最高车速是指汽车在良好的水平路面上能够达到的最高行驶速度。汽车加速时间是指汽车从静止加速到某一高速所用的最短时间。汽车的最大爬坡度是指汽车在满载或部分负载时，在良好的路面上所能克服的最大坡度。

2. 汽车的燃油经济性

汽车的燃油经济性是指汽车以最少的燃油消耗完成单位运输工作量的能力，一般用每百千米燃油消耗量或单位体积燃油行驶的里程数来评价，前者越小或者后者越大，则燃油经济性越好。

3. 汽车的制动性

汽车行驶时能在短距离内迅速停车且维持行驶方向稳定性，在下长坡时能维持一定车速，以及在坡道上能长时间保持停住的能力称为汽车的制动性。

4. 汽车的操纵稳定性

汽车的操纵稳定性是指在驾驶员不感到过分紧张、疲劳的条件下，汽车能够遵循驾驶员通过转向系统及转向轮给定的方向行驶，且当遭遇外界干扰时，能够抵抗干扰而保持稳定行驶的能力。操控行驶中的车辆是根据行车环境对车辆进行连续调整的过程，它反映了人、车和环境之间的相互作用结果，一方面取决于驾驶员对环境的判断能力和对车辆的操纵能力，另一方面也取决于车辆本身的可操控性能。汽车的可操控性能是多方面能力的综合反映，主要包括影响驾驶疲劳的转向轻便性、跟随转向盘输入做出相应反应的操纵性和抵御环境干扰保持正常行驶的稳定性三个方面。汽车行驶状态复杂多变，与之相适应的可操控性能可以归纳为低速状态下的转向特性、行驶参数稳定状态下的转向特性和行驶参数非稳定状态下的瞬时转向特性。

5. 汽车的平顺性

汽车的平顺性是指汽车在一定速度范围内行驶时，保证驾乘人员不至于因车身振动引起不适和疲劳，保持运载货物完整无损的能力。汽车的平顺性又称舒适性，提高平顺性有利于缓解驾驶员的疲劳感，从而提高行车安全性。乘坐舒适感来自驾乘人员的心理和生理两个层面，驾驶室内部设计和环境因素直接作用于车内乘员感官，对其心理产生影响；而汽车行驶中产生的振动又会作用于乘员身体，产生相应的生理感受，且这种感受常常占据主导地位。

6. 汽车的通过性

汽车的通过性是指汽车在行驶过程中克服障碍的能力，包括机动性和越野性。前者主要指汽车穿越窄巷、回转掉头和停车接近等能力；后者则指汽车是否具备以足够高的平均车速通过坏路和无路地带及各种障碍的能力，包括爬陡坡、越壕沟、涉水路、过沼泽等能力。汽车的通过性若按照其丧失通过能力的原因来划分，可以区分为因路面支承能力的丧失而引起的支承通过性和因周边几何条件丧失而导致的几何通过性。

三、汽车检测类型

汽车检测技术是利用各种检测设备，对汽车在不解体情况下确定汽车技术状况或工作能力进行的检查和测量。汽车技术状况是定量测得表征某一时刻汽车外观和性能的参数值的总和。汽车检测在交通管理、环境保护、汽车制造及维修中得到了广泛应用，并发挥了巨大的作用。目前，世界各国除不断提高汽车的性能和完善汽车的结构外，还通过法律法规要求，对在用车辆进行定期和不定期的技术检测，以确保车辆具有良好的技术状况。

汽车检测的目的就是判断汽车和总成的技术状况，查明在当前规定的期限内到下次检测前，其运动副、组合件和总成可能发生的故障，确定技术状况参数的允许变化量。

按照国家标准规定，我国在用汽车性能检测主要分为安全环保检测和综合性能检测两类。

安全环保检测是指对汽车实行定期或不定期安全运行和环境保护方面的检测，目的是在汽车不解体的情况下建立安全和公害监控体系，确保车辆具有符合要求的外观容貌和良好的安全性能，限制汽车的环境污染程度，使其在安全、高效和低污染的工况下运行。

综合性能检测是汽车运输业车辆技术管理的主要内容之一，是科学技术进步与技术管理相结合的产物，是检查、鉴定车辆技术状况和维修质量的重要手段，是促进维修技术发展、实现视情修理的重要保证。综合性能检测是指对汽车实行定期或不定期综合性能方面的检测，目的是在汽车不解体的情况下，确定营运车辆的工作能力和技术状况，查明其故障或隐患部位及原因，对维修车辆实行质量监督，建立质量监控体系，确保车辆具有良好的安全性、可靠性、动力性、经济性、排气净化性，以创造更大的经济效益和社会效益。检测的主要内容包括动力性、燃油经济性、安全性、使用可靠性、排气污染和噪声，以及整车装备完整性、防雨密封性等多种技术性能的组合。

四、汽车检测技术

1. 汽车检测参数

检测参数是表征汽车、汽车总成及机构技术状况的指标，它是在检测、判断汽车技术状况时所采用的一种与结构参数有关，而又能表征技术状况的可测量的物理或化学量。汽车检测指标参数包括工作过程参数、伴随过程参数和几何尺寸参数。

工作过程参数是汽车、总成或机构在工作过程中输出的一些可供测量的参数，如发动机功率、汽车燃油消耗量、制动距离或制动力等。

伴随过程参数是伴随工作过程输出的一些可供测量的参数，如振动、噪声、异响、温度等。这些参数可用来判断测量对象的局部信息和深入剖析复杂系统。

当汽车不工作时，无法测得上述两种参数。

几何尺寸参数可提供总成或机构中配合零件之间或独立零件的技术状况，如配合间隙、自由行程、圆度、径向圆跳动等。尽管这类参数提供的信息量有限，但能表征检测对象的具体状态。

2. 检测标准

为了定量评价汽车及总成系统的技术状况，制定能够提供比较尺度、统一检测操作方法和相应技术条件的检测标准是必要的。汽车性能检测评价标准从高到低分为 4 类，依次为国家标准、行业标准、地方标准和企业标准。低级别标准必须服从高级别标准，因此，低级别标准的限值往往比高级别标准中的限值要求更加严格。

国家标准由国家制定，冠以“中华人民共和国国家标准”字样，如《营运车辆综合性能要求和检验方法》。国家标准一般由行业部委提出，由国家质量监督检验检疫总局发布，具有强制性和权威性。

行业标准又称为部委标准，是国家部级机关制定并发布的标准，在部委系统内或行业系统内贯彻执行，一般冠以“中华人民共和国行业标准”字样，如交通行业标准《汽车维护工艺规范》。行业标准在一定范围内具有强制性和权威性。

地方标准是省、市、县级地方政府制定并发布的标准，在地方范围内执行，在所辖区域内具有强制性和权威性，如北京市地方标准 DB 11/318—2005《装用点燃式发动机汽车排气污染物限值及检测方法》等。

企业标准包括汽车制造厂推荐的标准、汽车运输企业和汽车维修企业内部制定的标准、检测仪器设备制造厂推荐的参考性标准三种类型。汽车制造厂推荐的标准是汽车制造厂在汽车使用说明书中公布的汽车使用性能参数、结构参数、调整数据和使用极限等，可以把它们作为诊断参数标准来使用。该类标准是汽车制造厂根据设计要求、制造水平，为保证汽车的使用性能和技术状况而制定的。汽车运输企业和维修企业的标准是汽车运输企业、汽车维修企业内部制定的标准，只在企业内部贯彻执行。企业标准须达到国家标准和上级标准的要求，同时允许超过国家标准和上级标准的要求。检测仪器设备制造厂推荐的参考性标准，是检测仪器设备制造厂在尚无国家标准和行业标准的情况下制定的，作为参考性标准，可以判断汽车、总成及机构的技术状况。

3. 检测参数标准

检测参数标准一般由初始值、许用值和极限值组成。

初始值相当于无故障新车和大修车诊断参数值的大小，往往是最佳值，可作为新车和大修车的诊断标准。当检测参数值处于初始值范围之内时，表明检测对象的技术状况良好，无须维修便可继续运行。

检测参数值若处于许用值范围之内，表明检测对象的技术状况虽发生变化，但尚属正常，无须修理，按要求维护即可继续运行。

检测参数值超过极限值，表明检测对象的技术状况严重恶化，汽车需立即停驶进行修理。

知识单元二　汽车综合性能检测站概述

学习目标

知识：1. 熟悉汽车检测站的任务、类型和工位布置；
2. 掌握汽车检测站的工艺路线；
3. 熟悉汽车检测方法。
素养：具备节约资源、爱护环境的意识。

知识储备

随着汽车制造业和交通运输业的迅速发展，汽车已成为现今社会不可缺少的交通运输工具，其保有量越来越大。如何用现代、科学、快速、定量和准确的手段，检测并诊断汽车的技术状况，使汽车更好地发挥其动力性、经济性、排气环保性、安全性、可靠性和舒适性等使用性能，是人类一直追求的目标。机动车检测站在这种情况下应运而生，并逐渐发展、壮大、成熟。它不仅可代表政府车管机关或行业对汽车的技术状况进行检测和监督，而且已成为汽车制造企业、汽车运输企业、汽车维修企业中不可缺少的重要组成部分。

按服务功能分类，汽车检测站一般可以分为安全检测站、维修检测站和综合性能检测站三种。

安全检测站是国家的执法机构，它按照国家规定的车检法规，定期检测车辆中与安全和环保有关的项目，以保证汽车安全行驶，并将污染降低到允许的限度。因为这种检测站只显示“合格”或“不合格”两种检测结果，不显示具体数据，因此检测速度快。检测合格的车辆可凭检测报告单办理年审签证，在有效期内准予车辆行驶。

维修检测站主要是从车辆使用和维修的角度出发，对车辆维修前后的技术状况进行检测。它能够检测车辆的主要使用性能，并且能够进行故障分析与诊断。

综合性能检测站是综合运用现代检测技术、电子技术、计算机应用技术，对汽车实施不解体检测、诊断的机构。它能在室内检测、诊断出车辆的各种性能参数、查出可能出现故障的状况，为全面、准确评价汽车的使用性能和技术状况提供可靠依据，如图 1-1 所示。

图 1-1　汽车综合性能检测站

综合性能检测站设备较多而且配套，功能齐全，自动化程度高，数据处理迅速准确，检测项目多而全面，因此它既可以进行车辆管理方面的安全环保检测，又可以进行车辆维修方面的技术状况检测。

一、综合性能检测站的任务

根据《汽车综合性能检测站能力的通用要求》的定义，汽车综合性能检测站是按照规定的程序、方法，通过一系列技术操作行为，对在用汽车综合性能进行检测、评价，并提供检测数据、报告的社会化服务机构。

综合性能检测站的主要任务：

（1）对在用运输车辆的技术状况进行检测诊断。

（2）对汽车维修行业的维修车辆进行质量检测。

（3）接受委托检测：

①对车辆改装、改造、报废及其有关新工艺、新技术、新产品、科研成果等项目进行检测，并提供检测结果。

②接受公安、环保、商检、计量和保险等部门的委托，为其进行有关项目的检测，并提供检测结果。

二、综合性能检测站的类型

根据检测站的职能，汽车综合性能检测站分为 A 级站、B 级站和 C 级站三种类型。

1. A 级站——能全面承担检测站的任务

它能对汽车的安全性、动力性、可靠性、经济性、环保特性进行全面的检测，并能对车辆的技术状况及维修质量进行鉴定，能全面承担检测站的任务。它能检测车辆的制动、侧滑、灯光、转向、前轮定位、车速、车轮动平衡、底盘输出功率、燃料消耗、发动机功率和点火状况，以及异响、磨损、变形、裂纹、噪声、废气排放等状况。

2. B 级站——能承担在用车辆技术状况和车辆维修质量的检测

它能检测车辆的制动、侧滑、灯光、转向、车轮动平衡、燃料消耗、发动机功率和点火系统状况以及异响、变形、噪声、废气排放等状况。

3. C 级站——能承担在用车辆技术状况的检测

它能检测车辆的制动、侧滑、灯光、转向、车轮动平衡、燃料消耗、发动机功率及异响、噪声、废气排放等状况。

三、检测站的组成和检测线工位布置

1. 检测站的组成

检测站主要由一条至数条检测线组成。独立而完整的检测站，除包括检测线外，还包括停车场、清洗站、泵气站、维修车间、办公区和生活区等。

综合性能检测站一般由安全环保检测线和综合检测线组成，可以各为一条，也可以各为数条。安全环保检测线的主要检测项目有外观检测、前轮侧滑量检测、轴重检测、制动效果检测、车速表检测、前照灯检测、噪声和排放检测。

国内交通系统建成的检测站大多属于综合性能检测站，一般由一条安全环保检测线和一条综合检测线组成，如图 1-2 所示。

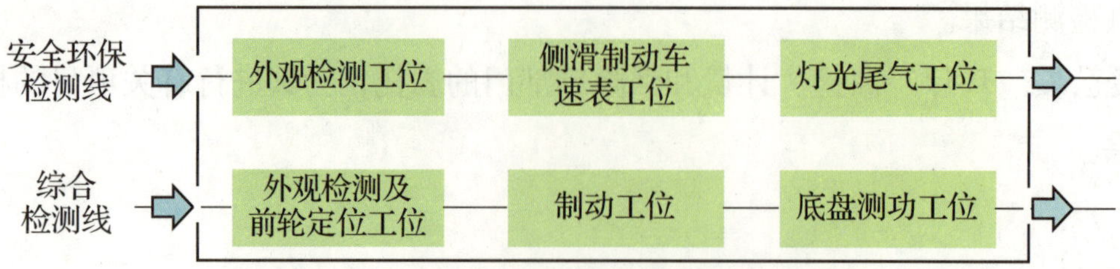

图 1-2 双线综合检测站平面布置示意图

2. 检测线工位布置

汽车综合检测线通常可以分为双线综合检测线（见图 1–2）和全能综合检测线。双线综合检测线是将汽车安全环保检测项目组成一条检测线，而将汽车综合性能检测项目组成另一条检测线。全能综合检测线设有包括安全环保检测项目和综合性能检测项目在内的比较齐全的检测位。汽车综合性能检测站的建立应根据本地区的具体条件而定，依据经营类别、服务对象范围、生产规模、车型种类等条件，确定检测站的年检测量、检测工位数、设备及人员配备、检测车间面积和检测站总面积。汽车综合性能检测站的工位布局主要考虑检测的方便性和工作效率，同时兼顾环境需要。可采用图 1–3 所示的方式进行布局。

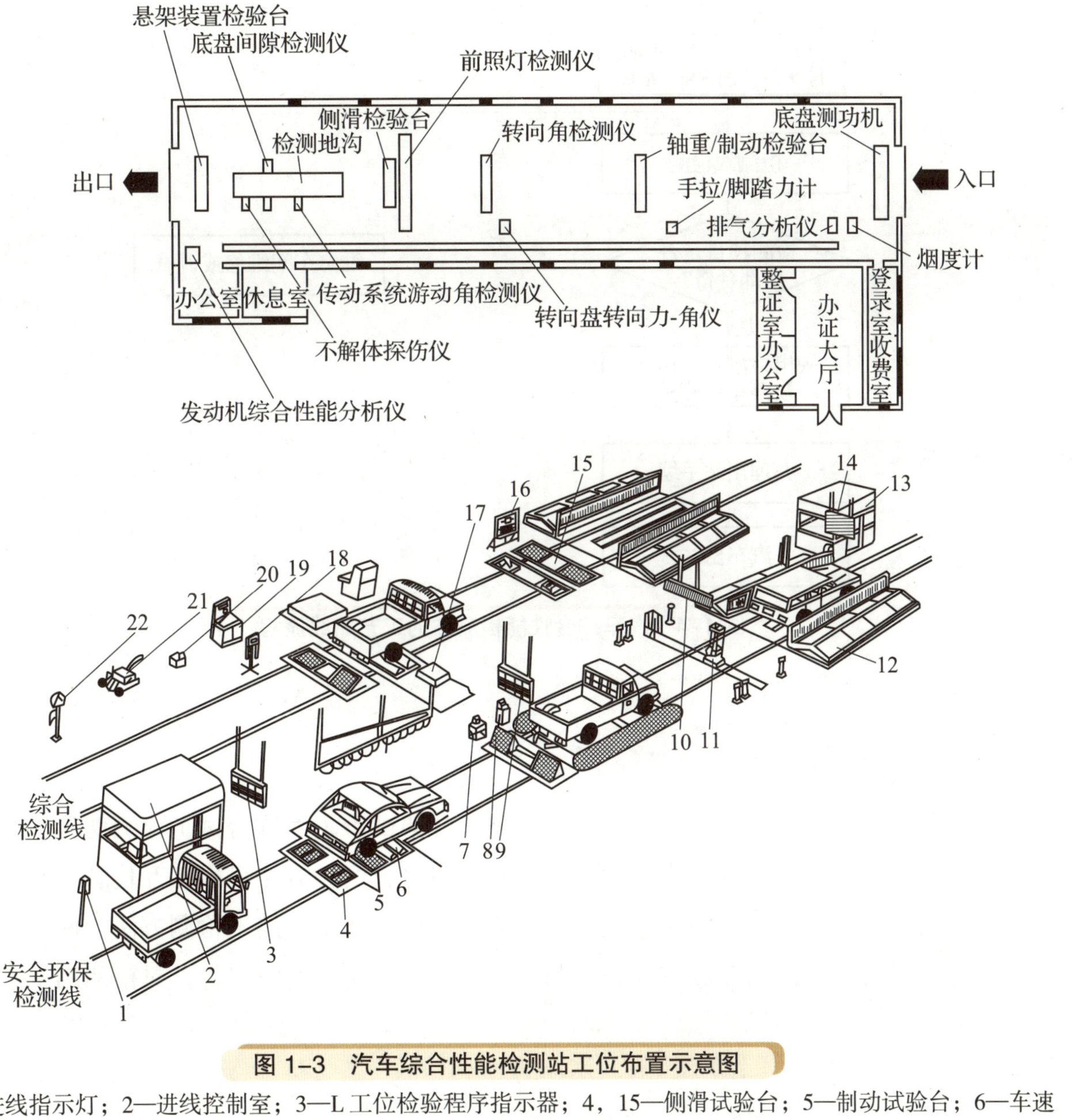

图 1–3 汽车综合性能检测站工位布置示意图

1—进线指示灯；2—进线控制室；3—L 工位检验程序指示器；4，15—侧滑试验台；5—制动试验台；6—车速表试验台；7—烟度计；8—排气分析仪；9—ABS 工位检验程序指示器；10—HX 工位检验程序指示器；11—前照灯检测仪；12—地沟系统；13—主控制室；14—P 工位检验程序指示器；16—前轮定位检测仪；17—底盘测功工位；18，19—发动机综合测试仪；20—机油清净性分析仪；21—就车式车轮平衡仪；22—轮胎自动充气机

四、检测站的工艺路线

对于一个独立而完整的检测站，汽车综合性能检测站的工艺路线流程如图 1-4 所示。

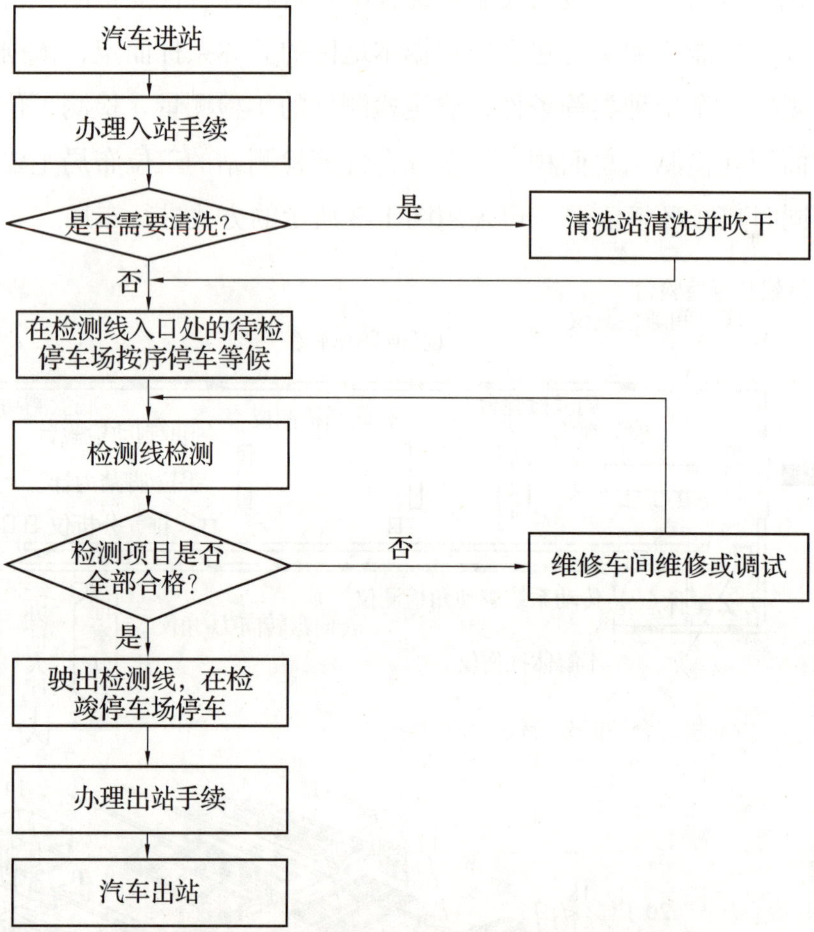

图 1-4 汽车综合性能检测站的工艺路线流程

五、汽车检测方法

汽车检测包括道路试验（简称路试）检测和台架试验（简称台试）检测两种方法。两种检测方法各具特色，互为补充。对于有些检测项目，两种方法可以相互代替，但对于另外一些项目则不能，如操纵稳定性试验的大部分项目只能采用路试检测方法。两种不同的检测方法各自运用不同的检测流程和检测参数，但对于同一检测项目，对检测结果的评价是一致的。

知识单元三　汽车综合性能检测站的计算机应用概述

学习目标

知识：1. 掌握汽车检测站计算机控制系统；

2. 熟悉汽车性能检测流程。

素养：具备节约资源、爱护环境的意识。

知识储备

一、检测站计算机控制系统

汽车综合性能检测站计算机控制系统是将计算机应用技术和电子控制技术、网络通信技术相结合，对测量、计算、判断、结果存储、传输和输出进行综合管理的智能化系统。《汽车综合性能检测站能力的通用要求》和《汽车检测站计算机控制系统技术规范》中对检测站的计算机控制系统的功能提出了明确要求。

运用现代网络通信技术可将这些子系统连接成一个局域网，用于实现检测站的全自动检测、全自动管理和全自动财务结算等。还可以利用信息高速公路将某地区的检测站连成一个广域网，使上级交通部门可以实时了解并监督该地区各检测站的车检工作，如图 1–5 所示。计算机控制检测系统需要帮助检测人员完成车辆信息登录、规定项目与参数的受控自动检测、检测数据的自动传输与存档、检测报告与统计报表的自动生成、指定信息的查询、适用于检测车型的数据库和检测标准项目的参数限值数据库的建立等工作。该系统具有对人工检验项目和对未能联网的检测设备的检测结果进行人工录入的功能，以及对受检车辆的检测调度功能等。

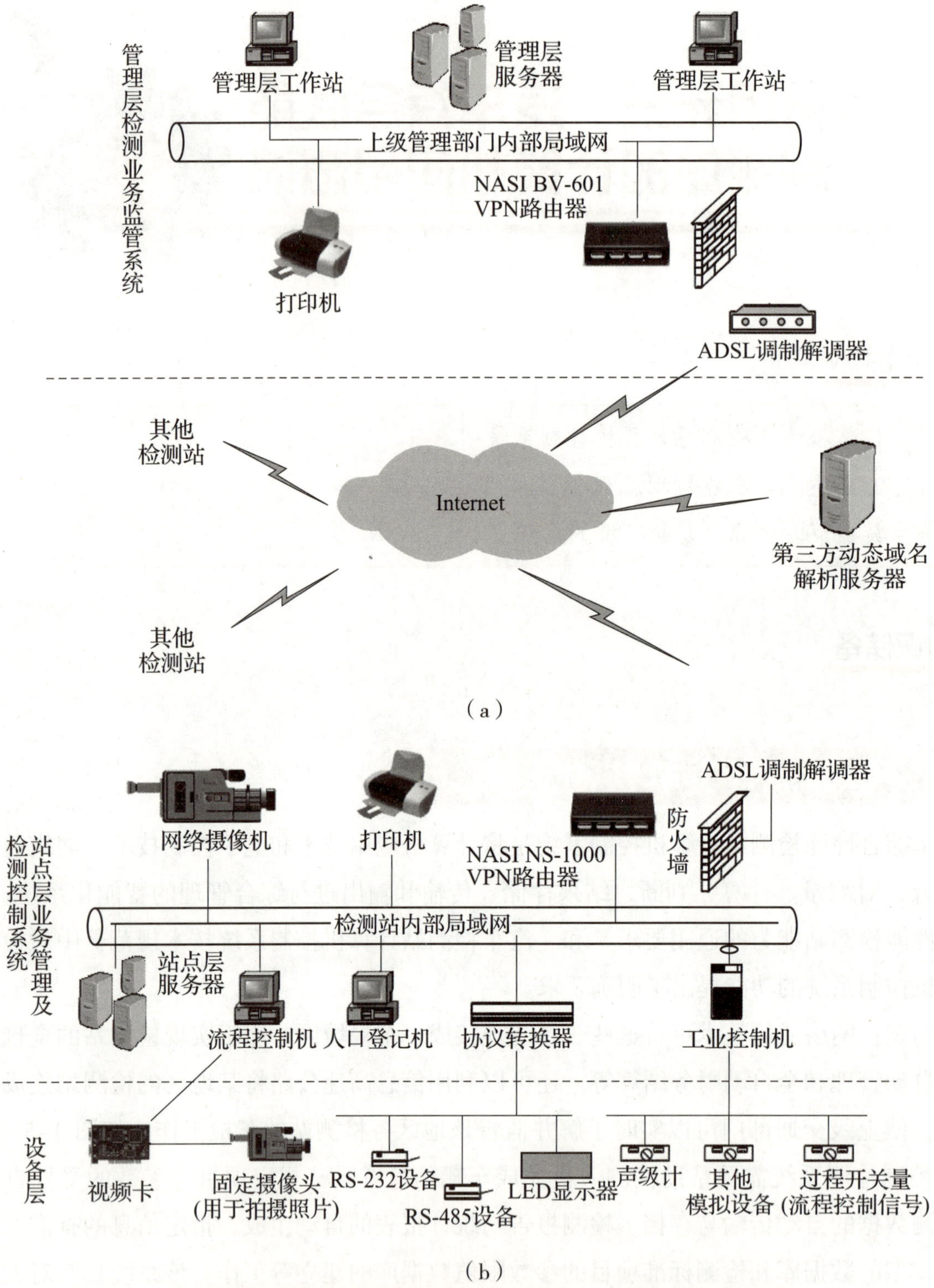

图 1-5　汽车综合性能检测站计算机网络结构示意图

计算机控制系统由硬件和软件两部分组成。硬件部分包括计算机及外部设备、外部接口、传感器、前端处理单元。软件部分包括系统软件、应用软件和数据库等。

计算机控制系统依靠下列子系统完成国家标准所要求的各项功能。

1. 登录系统

将车辆基本信息和检测项目录入计算机控制系统，为主控制系统的控制和报告打印提供信息。

登录注册系统界面后，可看到查询条件区、车辆基本信息区和检测项目选择区等。

2. 调度系统

调度系统根据车辆实际到达检测车间的顺序，在无序登录到计算机控制系统的车辆中，选择相应的车辆发往主控制系统，开始检测。调度系统界面一般包括待检车辆列表，用来显示登录注册系统已经录入的车辆车号、车型、待检项目、检测序列号等信息。

3. 主控系统

主控系统是检测站计算机控制系统的核心模块，它根据被检车辆需要检测的项目，控制检测设备运转，采集检测设备返回的检测数据，并按照国家相应标准对检测数据进行判定；控制检测线各工位电子显示屏，显示检测结果和判定结论，按照检测流程给引车员相应的操作提示；最终将检测数据和判定结论存入本地数据库。主控系统界面设有用来显示在检车辆当前正在检测的项目及已检测项目判定结论的在检车辆状态区、用来显示已由调度发出但尚未检测车辆的信息的待检车辆信息区、用来显示各工位当前正检测车辆检测数据的检测数据显示区，以及用来显示当前各检测设备运行状况的检测设备状态区等。主控系统通常包括外观检测、底盘检测、尾气检测、速度检测、制动检测、灯光检测、声级检测、侧滑检测、悬架检测、底盘功率检测和油耗检测等功能模块。

4. 打印系统

打印系统能够按照规定的报告式样，根据检测结果，在检测报告的相应位置上打印出车辆的基本信息和各项检测数据，并给出判定结论。

5. 监控系统

监控系统将前端摄像机采集的视频信号，通过传输线路，集中到监视器或录像机，供实时监控或存档查询。汽车检测过程监控系统需实现管理部门对检测现场的视频监控。视频监控是整个检测监控系统的核心部分，主要分为两部分，即汽车检测站端和上级管理部门端，可采用手动录像、定时录像和自动录像等多种方式进行图像记录。

6. 客户管理系统

客户管理系统是对客户资源的管理，包括客户信息录入、业务收费、财务审核、领导查询等功能模块。

7. 维护系统

维护系统包括检测设备的软件标定、检测判定标准的维护、数据库的定期备份、硬件维护和软件维护等功能模块。

8. 查询统计系统

查询统计系统可以按照任意时间段，对被检测车辆、车辆单位、检测合格率、引车员工作量、检测收入等信息进行查询、统计，并按照一定的查询条目自动生成统计报表。

二、汽车性能检测流程

作为汽车综合性能检测站的工作人员，应该熟知站里的业务办理流程，如图 1–6 所示。

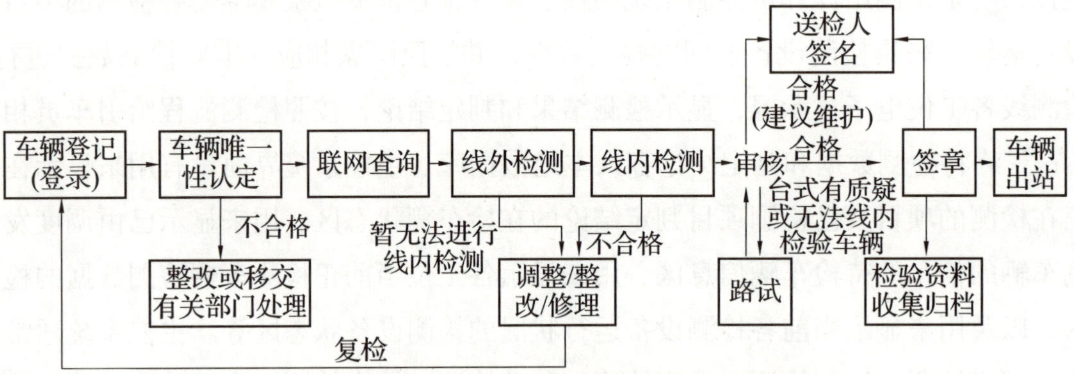

图 1–6　汽车综合性能检测站业务办理流程

登录系统是汽车检测站计算机控制系统检测流程的起点，年检时进行车辆交接与登录需提交以下几项资料：驾驶证正副原件、行驶证、上一次的年检标志、环保标志、机动车交通事故责任强制保险凭证以及需要年检的汽车。

《中华人民共和国道路交通安全法实施条例》第十六条有关规定：机动车应当从注册登记之日起，按照下列期限进行安全技术检验：

（1）营运载客汽车 5 年以内每年检验 1 次；超过 5 年的，每 6 个月检验 1 次。

（2）载货汽车和大型、中型非营运载客汽车 10 年以内每年检验 1 次；超过 10 年的，每 6 个月检验 1 次。

（3）小型、微型非营运载客汽车 6 年免检，2020 年 11 月 20 日起，6~9 座非营运小微型客车（面包车除外）纳入免检范围。

同时优化检验周期，2020 年 11 月 20 日起，超过 6 年不满 10 年的非营运小微型客车（面包车除外），检验周期由每年检验 1 次放宽至每两年检验 1 次，即私家车 10 年内仅需上线检测 2 次，分别是第 6 年、第 8 年。对 10 年以上的私家车，仍然按照原规定的检验周期执行，即 10~15 年的，每年检验一次，15 年以上的，每半年检验一次。

机动车所有人可以在机动车检验有效期满前 3 个月内向登记地车辆管理所申请检验合格标志。申请前，机动车所有人应当将涉及该车的道路交通安全违法行为和交通事故处理完毕。申请时，机动车所有人应当填写申请表并提交行驶证、机动车交通事故责任强制保险凭证、车船税纳税或者免税证明、机动车安全技术检验合格证明。车辆管理所应当自受理之日起 1 日内，确认机动车，审查提交的证明、凭证，核发检验合格标志。

知识拓展

一、案例

1943 年的美国洛杉矶市拥有 250 万辆汽车，这些汽车每天燃烧掉 1 100t 汽油，汽油燃烧后产生大量的碳氢化合物，由于洛杉矶西面临海，三面环山，这些污染物不易扩散，聚集在洛杉矶上空，在太阳紫外光线照射下引起化学反应，形成浅蓝色烟雾，这种烟雾使人眼睛发红，咽喉疼痛，呼吸憋闷、头昏、头痛。1943 年以后，烟雾更加肆虐，以致远离城市 100km 以外的海拔 2 000m 高山上的大片松林也因此枯死，柑橘减产。后来人们称这种污染为光化学烟雾。1955 年和 1970 年洛杉矶又两度发生光化学烟雾事件，前者导致 400 多位 65 岁以上的老人因呼吸系统衰竭死亡，后者使全市 75% 以上的人患上了红眼病。图 1–7 所示为 20 世纪 40 年代美国洛杉矶市光化学烟雾。

图 1–7　20 世纪 40 年代美国洛杉矶市光化学烟雾

随后的几十年里，世界上的汽车保有量越来越多，汽车尾气中含有的众多污染物已对全球环境和人类健康造成巨大的威胁，为了有效控制汽车尾气中污染物的排放，不同的国家和地区建立相关法律法规，强制对汽车进行定期的环保检测，对于不能达到检测标准的汽车，则禁止上路行驶。自 2020 年 7 月 1 日起，我国实行《轻型汽车污染物排放限值及测量方法（中国第六阶段）》国家标准（GB 18352.5—2016），分 a、b 两个阶段实施，简称“国六 a”“国六 b”。

国六a的排放标准为：一氧化碳700mg/km、非甲烷烷烃68mg/km、氮氧化物60mg/km、PM细颗粒物4.5mg/km等。

国六b的排放标准为：一氧化碳500mg/km、非甲烷烷烃35mg/km、氮氧化物35mg/km、PM细颗粒物3mg/km等。

二、思想感悟

（1）作为汽车维修工，在检测、维修过程中，要严格遵循环保标准，注重保护环境，具备建设生态文明的意识。

（2）明确生态文明建设是习近平新时代中国特色社会主义思想“五位一体”总体布局中的重要内容，了解节约资源和保护环境是我国的基本国策，我国坚定走生产发展、生活富裕、生态良好的文明发展道路。

达标测试

一、填空题

1. 使用性能是由汽车设计和制造工艺确定的，主要包括__________、__________、__________、__________、__________和__________等方面。

2. 汽车行驶时能在__________内迅速停车且维持__________稳定性，在__________时能维持__________，以及在坡道上能长时间__________的能力称为汽车的__________。

3. 汽车检测方法有__________和__________。

4. 汽车综合性能检测的目的是对在用车辆的__________进行检测诊断，对汽车维修企业__________进行质量检测，以确保汽车的__________。

5. 汽车综合性能检测站是综合运用现代检测技术、电子技术、__________，对汽车实施不解体检测、__________的机构。它具有能在室内检测、诊断出车辆的各种__________、查出可能出现故障的状况，为全面、准确评价汽车的__________和技术状况提供可靠依据。

6. 检测站主要由__________检测线组成。独立而完整的检测站，除包括__________外，还包括__________、__________、__________、__________、__________和生活区等。

7. 汽车综合性能检测站计算机控制系统依靠__________、__________、__________、__________、__________、__________、__________、__________完成国家标准所要求的各项功能。

二、选择题

1. 下面关于汽车检测方法的表述错误的是（　　）。

A. 汽车检测包括道路试验检测和台架试验检测两种方法

B. 两种检测方法各具特色，互为补充

C. 对于有些检测项目，两种方法可以相互代替，但对于另外一些项目则不能，如操纵稳定性试验的大部分项目只能采用路试检测方法

D. 因为两种不同的检测方法各自运用不同的检测流程和检测参数，所以对于同一检测项目，检测结果的评价是不一致的

2. 汽车综合性能检测站的主要任务是（　　）。

A. 对在用运输车辆的技术状况进行检测诊断

B. 对汽车维修行业的维修车辆进行质量检测

C. 接受委托，对车辆改装、改造、报废及其有关的新工艺、新技术、新产品、科研成果等项目进行检测，提供检测结果

D. 接受公安、环保、商检、计量和保险等部门的委托，为其进行有关项目的检测，提供检测结果

三、问答题

1. 汽车的检测技术有哪些？

2. 汽车综合性能检测站的类型有哪些？

3. 汽车综合性能检测站计算机控制系统都由哪些子系统组成？各有什么作用？

4. 汽车综合性能检测站的工艺路线流程是什么？

5. 根据《中华人民共和国道路交通安全法实施条例》中最新的有关规定，2020 年 11 月 20 日以后，机动车的检验周期是怎样的？

模块二

汽车的动力性

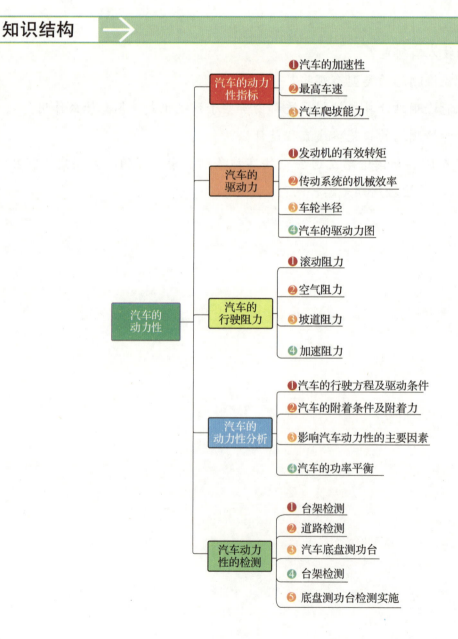

知识结构

- 汽车的动力性
  - 汽车的动力性指标
    - ❶汽车的加速性
    - ❷最高车速
    - ❸汽车爬坡能力
  - 汽车的驱动力
    - ❶发动机的有效转矩
    - ❷传动系统的机械效率
    - ❸车轮半径
    - ❹汽车的驱动力图
  - 汽车的行驶阻力
    - ❶滚动阻力
    - ❷空气阻力
    - ❸坡道阻力
    - ❹加速阻力
  - 汽车的动力性分析
    - ❶汽车的行驶方程及驱动条件
    - ❷汽车的附着条件及附着力
    - ❸影响汽车动力性的主要因素
    - ❹汽车的功率平衡
  - 汽车动力性的检测
    - ❶台架检测
    - ❷道路检测
    - ❸汽车底盘测功台
    - ❹台架检测
    - ❺底盘测功台检测实施

知识单元一　汽车的动力性指标

学习目标

知识：1. 掌握汽车的动力性评价指标；

2. 掌握加速性、最高车速及最大爬坡度的意义。

素养：提升严谨细致、爱思考的能力。

知识储备

汽车的动力性是指汽车在良好、平直的路面上行驶时，汽车克服行驶阻力所能达到的平均行驶速度。汽车的动力性又称“汽车牵引性”。

如果动力性好，车辆会有更高的行驶速度，更好的加速能力和上坡能力，从而提高车辆的运输效率。因此，动力性是车辆各种性能中最基本、最重要的性能。

汽车的动力性通常以汽车的加速性、最高车速及最大爬坡度等项目作为评价指标。动力性代表了汽车行驶可发挥的极限能力。在评价汽车的动力性时，由于汽车用途和使用条件的不同，对其要求也不一样。例如，经常在公路干线上行驶的汽车，起主要作用的是汽车的最大速度，而加速性的要求居于次位；而市内行驶的汽车正好相反，由于城市内交通繁忙，汽车在行驶中需要经常制动、停车和起步，汽车的加速性是评价这类汽车动力性的主要指标。

一、汽车的加速性

汽车的加速性表示汽车的加速能力，通常用汽车的加速时间或加速距离表述。它对汽车的平均行驶速度影响很大。

1. 加速时间

加速时间可分为原地起步加速时间和超车加速时间。

原地起步加速时间是指汽车由 1 挡或 2 挡起步，以最大的加速强度，选择恰当的换挡时间，逐步换挡至最高挡位，达到预定距离或车速所需要的时间。一般可用从汽车静止加速行驶到100m（或400m）距离或者加速至100km/h（或80km/h）的速度所需的时间表示汽车原地起步的加速能力。

超车加速时间是指汽车用最高挡或次高挡从预定车速或该挡最低稳定车速，以最大加速度，加速到某规定车速所需的时间。因为汽车超车是与被超车车辆并行，容易发生安全事故，所以超车加速能力越强，并行行驶的时间就越短，行程也短，行驶就更安全。超车加速能力通常采用以最高挡或次高挡从30km/h或40km/h全力加速至某预定高速所需的时间表示。

2. 加速距离

加速距离可分为原地起步加速距离和超车加速距离。

原地起步加速距离是指汽车由1挡或2挡起步，以最大的加速强度，选择恰当的换挡时间，逐步换挡至最高挡位，达到预定车速所经过的路程。可用从汽车静止加速行驶至100km/h的速度所经过的路程表示汽车原地起步的加速能力。

超车加速距离是指汽车用最高挡或次高挡，由预定的车速，以最大加速强度，加速到某规定车速所经过的路程。

为了使汽车安全地从有坡度的匝道驶入高速公路，也有以汽车在规定的坡道（6%）上达到规定车速所经过的加速时间来表示汽车加速性能的。

二、最高车速

最高车速是指汽车在平直、良好的路面（混凝土或沥青）上满载时所能达到的平均最高行驶车速。

三、汽车爬坡能力

汽车的爬坡能力是以汽车的最大爬坡度来评价的。汽车的最大爬坡度是指汽车满载时，在良好路面上以1挡行驶所能爬上的最大坡度。它是载货汽车动力性的评价指标，代表了汽车的极限爬坡能力。对越野汽车来说，爬坡能力是一个相当重要的指标，一般要求最大爬坡度不小于60%；对载货汽车要求有30%左右的爬坡能力；轿车的车速较高，且经常在状况较好的道路上行驶，所以不强调轿车的爬坡能力，一般爬坡能力在20%左右。

知识单元二　汽车的驱动力

学习目标

知识：1. 掌握汽车驱动力的概念；

2. 熟悉汽车的有效转矩、机械效率、车轮半径的意义；

3. 熟悉汽车驱动力图的特性。

素养：具备分析、总结归纳问题的能力。

知识储备

汽车驱动力又称汽车牵引力，是指驱使汽车行驶的动力。汽车发动机产生的扭矩，经传动机构传至驱动轮上，使驱动轮产生一个对路面的轮缘圆周力。当驱动轮与道路路面间有足够的附着作用，即驱动轮在路面上未发生滑转时，则产生与此轮缘圆周力大小相等、方向相反的路面对驱动轮的反作用力，驱使汽车在道路上行驶。

汽车发动机产生的有效转矩 M_e，经过汽车传动系统传到驱动轮上，此时作用在驱动轮上的转矩 M_t 便产生一个对地面向后的圆周力 F_0。根据作用力与反作用力原理，地面对驱动轮产生一个向前的反作用力 F_t，F_t 为驱动汽车的外力，称为汽车的驱动力（见图 2–1），其大小为

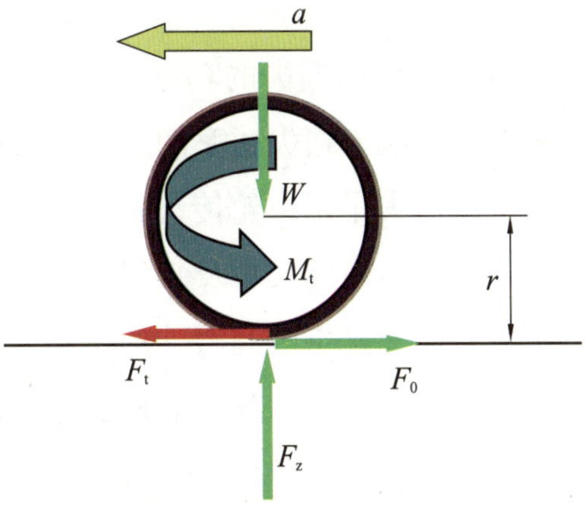

图 2–1　汽车的驱动力

$$F_t = \frac{M_t}{r}$$

式中　M_t——作用于驱动轮上的转矩，N · m；

r——车轮半径，m。

若发动机输出的有效转矩为 M_e，变速器的传动比为 i_k，主减速器的传动比为 i_0，传动系统的机械效率为 η_T，则上式可表示为

$$F_t = \frac{M_e i_k i_0 \eta_T}{r}$$

对于装有分动器、轮边减速器和液力传动机构等装置的汽车，应计入相应的传动比和机械效率。

由上式可知，汽车的驱动力 F_0 与发动机的有效转矩、传动系统的各传动比及传动系统的机械效率成正比，与车轮半径成反比。

一、发动机的有效转矩

发动机工作时，由功率输出轴输出的转矩称为有效转矩。发动机的有效转矩可根据其使用外特性确定。使用外特性曲线是带上全部附件时由发动机的台架试验测得的。

台架试验是在发动机工况相对稳定，即保持水、机油温度于规定的数值，并且在各个转速不变的情况下测得的转矩、油耗数值。在实际使用中，发动机的工况通常是不稳定的，发动机的热状况、可燃混合气的浓度与台架试验有显著差异。所以，在不稳定工况下，发动机所提供的有效功率要比稳定工况时低 5%~8%。由于发动机工况变化时有效功率不易测量，因此在进行动力性估算时，一般沿用台架试验稳定工况时所测得的使用外特性中的有效功率和有效转矩曲线。

二、传动系统的机械效率

发动机的有效功率为 P_e，经传动系统在传动过程中损失的功率为 P_T，则驱动轮得到的功率仅为 P_e–P_T，那么传动系统的机械效率定义为

$$P_T = \frac{P_e P_T}{P_e} = 1 - \frac{P_T}{P_e}$$

传动系统内损失的功率 P_T 是在离合器、变速器、传动轴、主减速器、驱动轮轴承等处机械损失和液力损失功率的总和，其中变速器和主减速器损失的功率所占比例最大。

机械损失是指齿轮传动副、轴承、油封等处的摩擦损失，其大小主要取决于啮合齿轮的对数、传递转矩的大小及装配加工的精度等。

液力损失是指由润滑油的搅动、润滑油与旋转零件表面的摩擦等产生的功率损失。其大小主要取决于转速、润滑油黏度、工作温度和油面的高度等。

虽然 P_T 受到多种因素影响，但在动力性计算时，只把它取为常数：一般轿车取 0.90~0.92，单级主传动载货车取 0.85，驱动形式为 4×4 的汽车取 0.85，驱动形式为 6×6 的汽车取 0.80。

三、车轮半径

充气轮胎的车轮，在不同状况下有不同的半径。处于无负荷状态下的车轮半径称为自由

半径；在车辆自重作用下，轮心到地面的距离称为静力半径 r_s；在满载行驶状态下，根据车轮滚过的圈数 n_W 和汽车驶过的距离 s（m）计算出来的半径称为滚动半径 r_t，即

$$r_t = \frac{s}{2\pi n_W}$$

注意： 对汽车进行运动学分析时，应采用滚动半径 r_r；而进行动力学分析时，应采用静力半径 r_s；进行粗略分析时，通常不计其差别，统称为车轮半径 r，即认为

$$r_r \approx r_s \approx r$$

四、汽车的驱动力图

根据发动机外特性确定的驱动力与车速之间的函数关系曲线 F_t–v_a 来全面表示汽车的驱动力的示意图，称为汽车的驱动力图。设计中的汽车有了发动机的外特性曲线、传动系统的传动比、机械效率、车轮半径等参数后，即可用驱动力公式 $F_t = \frac{M_e i_k i_0 \eta_T}{r}$ 求出各个挡位的 F_t 值，再根据发动机转速与汽车行驶速度之间的关系求出 v_a，即可求得各个挡位的 F_t–v_a 曲线，即汽车的驱动力图。它直观地显示了驱动力随车速变化的规律。对应于不同的挡位，有不同的驱动力图。在发动机使用外特性曲线，传动系统传动比、机械效率、车轮半径等参数已知或确定后，就可作出汽车的驱动力图，如图 2–2 所示。

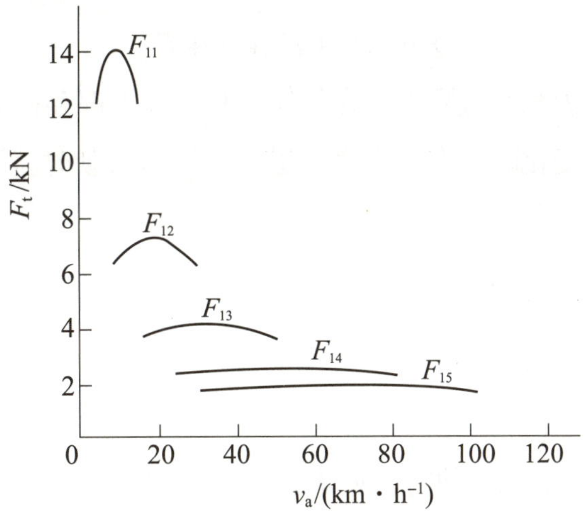

图 2–2　某汽车的驱动力图

由于所作的驱动力图是根据发动机的使用外特性曲线制成的，它表示该挡位在该速度下的最大驱动力，当节气门开度减小时，相对应的驱动力也减小，故曲线下方的区域都可称为汽车的实际工作区。

知识单元三　汽车的行驶阻力

学习目标

知识： 1. 掌握汽车行驶阻力的组成；
2. 熟悉汽车的滚动阻力、空气阻力、坡道阻力、加速阻力的意义和影响因素。

素养： 具备分析、总结归纳问题的能力。

知识储备

汽车在水平道路上等速行驶时必须克服来自地面的滚动阻力 F_f 和来自空气的阻力 F_w；当汽车上坡行驶时，还必须克服重力沿坡道方向的分力，称为坡道阻力 F_i；汽车加速行驶时还需要克服自身惯性力，称为加速阻力 F_j。因此，汽车行驶的总阻力为

$$\sum F = F_f + F_w + F_i + F_j$$

上述各阻力中，滚动阻力和空气阻力是在任何行驶条件下都存在的，坡道阻力在上下坡道时存在，加速阻力在车速发生变化时存在。在水平道路上等速行驶时就没有加速阻力和坡道阻力。

一、滚动阻力

1. 滚动阻力的产生

滚动阻力是当车轮在路面上滚动时，两者之间相互作用力以及相应的轮胎和支撑面变形所产生的能量损失的总和。它包括道路塑性变形损失、轮胎弹性迟滞损失和其他损失，如轴承、油封损失，悬架零件间摩擦和减振器内损失等。

注意： 汽车在松软路面上行驶时，滚动阻力主要是由路面变形引起的；汽车在硬路面上行驶时，滚动阻力主要是由轮胎变形引起的。

2. 滚动阻力的计算

在实际中，滚动阻力是用滚动阻力系数 f 来表征滚动阻力的大小，在轮胎所受的法向力

等条件相等的情况下，滚动阻力系数 f 越大，则滚动阻力就越大。

汽车滚动阻力一般由下式计算：

$$F_f = Gf$$

式中　F_f——滚动阻力，N；

G——汽车总重，N；

f——滚动阻力系数。

滚动阻力系数 f 表示单位车重的滚动阻力。汽车在不同路面上的滚动阻力系数值是不一样的。图 2-3 所示为室内滚动阻力测试。

图 2-3　室内滚动阻力测试

3. 影响滚动阻力系数的因素

滚动阻力系数的数值由试验确定。其数值与轮胎的结构、材料、气压和道路的路面种类、状况以及使用条件（如行驶速度与受力情况）等因素有关。

（1）轮胎的结构、帘布层数及橡胶品种对滚动阻力都有影响。在保证轮胎有足够的强度和寿命的前提下，减少帘布层数，可以使胎体减薄而减小滚动阻力系数。

注意：子午线轮胎因帘布层数少，其滚动阻力系数较一般轮胎的滚动阻力系数小，而且随车速的变化小。胎面花纹磨损越严重，滚动阻力系数越小。

（2）轮胎气压对滚动阻力系数的影响很大。气压降低时，在硬路面上轮胎变形大，因此滚动阻力系数增大；气压过高，在软路面上行驶时，路面产生很大塑性变形，将留下轮辙，同样使滚动阻力系数增大。

（3）路面的种类和状况不同，使滚动阻力系数在很大范围内变化。坚硬、平整而干燥的路面，滚动阻力系数最小。路面不平，滚动阻力系数将成倍增长。这是因为路面不平会引起轮胎和悬架机构的附加变形及减振器内产生的阻力要成倍地消耗能量。松软路面由于塑性变形很大，滚动阻力系数增加很多。

车速在 50km/h 以下时，不同路面上的滚动阻力系数见表 2-1。

表 2-1　不同路面上的滚动阻力系数

路面类型	滚动阻力系数	路面类型	滚动阻力系数
良好的沥青或混凝土路面	0.010~0.018	压紧的土路（潮湿）	0.050~0.150
一般的沥青或混凝土路面	0.018~0.020	泥泞路面（雨季或解冻期）	0.100~0.250
碎石路面	0.020~0.025	干沙路面	0.100~0.300
良好的卵石路面	0.025~0.030	湿沙路面	0.060~0.150
坑洼的卵石路面	0.035~0.050	结冰路面	0.015~0.030
压紧的土路（干燥）	0.025~0.035	压紧的雪道	0.030~0.050

（4）行车速度对滚动阻力系数的影响很大。如图 2–4 所示，车速在 100km/h 以下时，滚动阻力系数变化不大，在 100km/h 以上时增长较快。车辆达到某一高速时，如 150~200km/h，因轮胎将发生驻波现象，即轮胎周缘不再是圆形而呈明显的波浪状，当出现驻波后，滚动阻力系数显著增加。此外，轮胎的温度也很快增加，胎面与轮胎帘布层会产生脱落，出现爆胎现象，这对于高速行驶的车辆来说是很危险的。

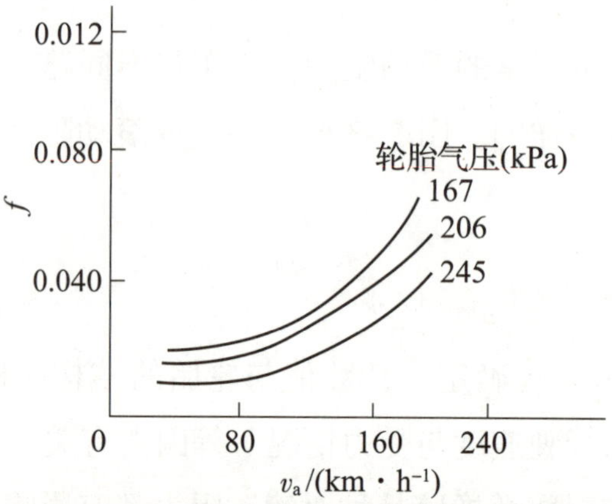

图 2–4　滚动阻力系数与行车速度的关系

注意：滚动阻力系数随着车速、轮胎气压等因素的变化而变化，但是在进行动力性分析计算时，通常把它看成定值，这是因为对汽车动力性的分析是在良好状况下进行的。

在进行汽车动力性分析时，一般取良好硬路面的滚动阻力系数值。对于轿车，当 $v_a<50$km/h 时，$f=0.016\,5$；当 $v_a>50$km/h 时，f 值可按下式估算：

$$f=0.016\,5\times\left[1+0.01\left(v_a-50\right)\right]$$

载货汽车轮胎气压高，行驶速度低，其估算公式为

$$f=0.007\,6+0.000\,056v_a$$

在使用中，轮胎气压不足、前后轴的平行性差、前轮定位失准等都会使滚动阻力系数增加。当有侧向力作用时，如在转弯行驶时地面对轮胎产生侧向反作用力，引起轮胎的侧向变形，滚动阻力系数将大幅度增加。

应用表 2–1 时，对于轿车，若轮胎气压较低，轮胎变形较大，其滚动阻力系数值应偏向上限；对于载货汽车，若轮胎气压较高，其滚动阻力系数值应偏向下限。

二、空气阻力

汽车在空气介质中行驶时，受到的空气作用力在行驶方向上的分力称为空气阻力，如图 2–5 所示。空气阻力与汽车速度的平方成正比，车速越快阻力越大。如果空气阻力占汽车行驶阻力的比例很大，则会增加汽车燃油消耗量或严重影响汽车的动力性。

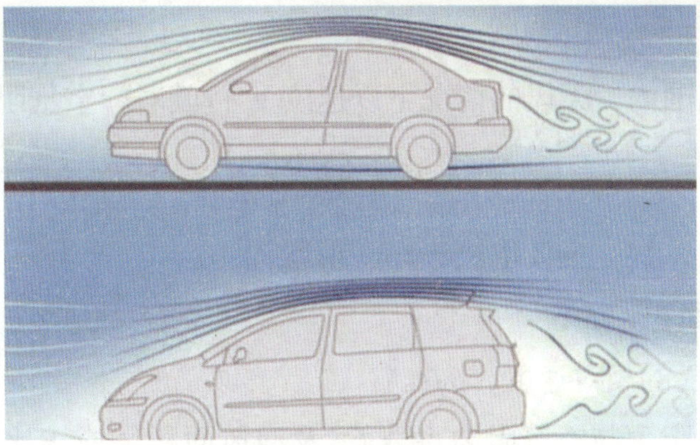

图 2–5　空气阻力

1. 空气阻力的组成

空气阻力包括摩擦阻力和压力阻力两大部分。摩擦阻力是由于空气的黏性在车身表面产生的切向力的合力在行驶方向的分力。摩擦阻力与车身的表面粗糙度及表面积有关。

压力阻力是作用在汽车外形表面上的法向压力的合力在行驶方向上的分力。它包括形状阻力、干扰阻力、诱导阻力、内循环阻力。

1）形状阻力

汽车行驶时，空气流经车身，在汽车前方的空气相对被压缩，压力升高，车身尾部和圆角处空气压力较低，形成涡流，引起负压，由于汽车前后部压力差所引起的阻力称为形状阻力。形状阻力的大小与车身主体形状有很大关系，如车头、车尾的形状及风窗玻璃的倾角等。

2）干扰阻力

车身表面凸出的部分（如门把手、后视镜、翼子板、悬架导向杆、驱动轴等）所引起的空气阻力称为干扰阻力。

3）诱导阻力

汽车上下部压力差（即升力）在水平方向的分力称为诱导阻力。

4）内循环阻力

发动机冷却系统、车身内通风道等需空气流经车体内部时形成的阻力称为内循环阻力。

以上阻力的合力在汽车行驶方向上的分力即空气阻力。以轿车为例，这几部分阻力所占比例如表 2–2 所示。

表 2–2　空气阻力的组成

组成	摩擦阻力	形状阻力	干扰阻力	诱导阻力	内循环阻力
比例	8%~10%	55%~60%	12%~18%	5%~8%	10%~15%

2. 空气阻力的计算

在汽车行驶速度范围内，无风的情况下以速度 v_a 行驶时，空气阻力通常按下式计算：

$$F_W = \frac{C_D A v_a^2}{21.15}$$

式中　C_D——空气阻力系数，主要取决于车身形状；

A——汽车迎风面积，m^2；

v_a——汽车与空气的相对速度，m/s。

由上式可知，空气阻力与空气阻力系数 C_D 及迎风面积 A 成正比。但迎风面积 A 值受乘坐和使用空间的限制，不能过多地减小，所以降低空气阻力系数 C_D 是降低空气阻力的主要手段。

3. 空气阻力系数 C_D

空气阻力系数 C_D 值和汽车外形关系极大，这就要求汽车外形的流线型好。值可通过风洞试验测定。根据现代空气动力学的原理，轿车车身常采用下列方法降低 C_D 值，如图 2–6 所示。

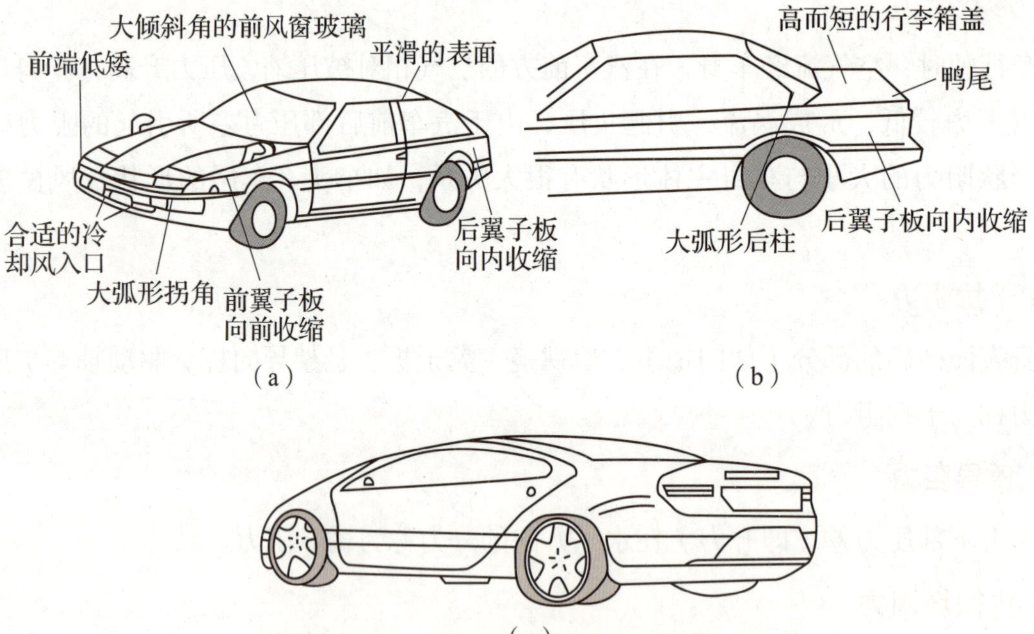

图 2–6　轿车车身降低 C_D 值的常用方法

1）整车

在汽车侧视图上，车身应前低后高，呈 1°~2°。这可减少流入汽车底部的空气量，使 C_D 值下降，并可减少升力。在俯视图上，车身两侧应为腰鼓形，前端呈半圆状，后端有些收缩。

2）车身前部

发动机罩向前下方倾斜，面与面的交接处为大圆弧的圆柱面。风窗玻璃为圆弧状，尽可能“躺平”且与中部拱起的车顶盖圆滑过渡。前后支柱应圆滑，窗框高出玻璃面的程度应尽可能小。尽量用埋入式前照灯、小灯和门把，灯的玻璃罩与车头、车尾组成圆滑的整体。后视镜等凸出物的形状应接近流线型。拱形保险杠与车头连成连续圆滑的整体。在保险杠之下安装合适的扰流板。

3）车身后部

在汽车侧视图上，后风窗玻璃与水平线呈25° 夹角以下的称为快背式车身，呈25°~50° 夹角的称为舱背式车身。在其后端装有扰流板，它具有阻滞作用，使流过车身上表面气流的速度降低，从而降低了垂直于后窗表面的负压力的绝对值，使空气阻力减小。

在外观上有行李箱的称为折背式车身，它的后风窗玻璃与水平线尽可能呈 30°，并采用短而高的行李箱，应有鸭尾式机构，参见图 2–6。

4）车身底部

所有零部件在车身下应尽量齐平，最好有平滑的底板盖住底部。盖板从车身中部或从车轮之后上翘约 6°，这可顺利地引导车身下的气流流向尾部，减少在车尾后形成的涡流，使 C_D 值下降。

5）发动机冷却进风系统

恰当地选择进出风口位置、尺寸和形状，很好地设计通风道，在保证冷却效果的前提下，尽量减小气流内循环阻力。

随着高速公路的发展，载货汽车的外形设计也采用了减小 C_D 值的方法。驾驶室顶盖、风窗玻璃及前脸在侧视图上具有较大的圆弧，特别是整个驾驶室装用的导流板装置，可大幅度减小 C_D 值。试验表明，半挂车采用图 2–7 所示的附加装置，可使 C_D 值减小 30%。

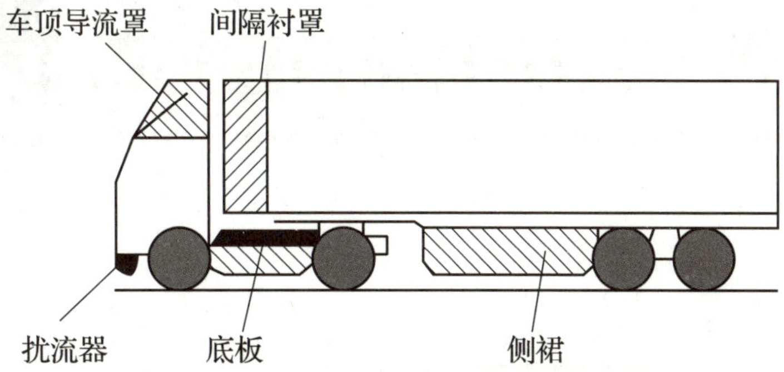

图 2–7 半挂车减小空气阻力的附加装置

三、坡道阻力

当汽车上坡行驶时，汽车重力在平行于路面方向的分力称为汽车的坡道阻力，用 F_i 表示，如图 2–8 所示。

坡道阻力 F_i 与汽车重力 G 及坡度角 α 的关系为

$$F_i = G\sin\alpha$$

道路坡度常用坡高 h 与底长 s 之比的百分数来表示，即

$$F_i = \frac{h}{s} \times 100\% = \tan\alpha$$

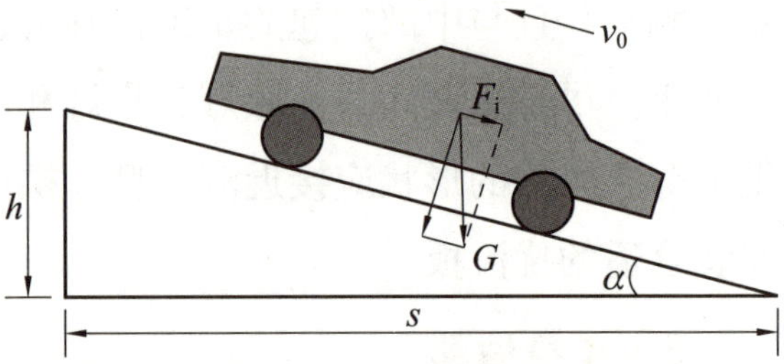

图 2-8　汽车的坡道阻力

我国各级公路及高速公路允许的纵向坡度一般较小。当 $\alpha<15°$ 时，可认为 $\sin\alpha \approx \tan\alpha \approx i$，则 $F_i = G$。由于坡道阻力与滚动阻力均属于与道路有关的阻力，而且均与车重成正比，故有时把这两种阻力合在一起称为道路阻力。

四、加速阻力

汽车行驶时，有一个保持等速运动的惯性力，要使汽车加速，就必须克服这个惯性力，这个惯性力就是加速阻力。加速阻力的大小，等于加速度与汽车质量的乘积。加速度越大，加速阻力也越大。通常把汽车的质量分为平移质量和旋转质量两部分。加速时不仅平移质量产生惯性力，旋转质量还要产生惯性力偶矩。因此，为了减小加速阻力，应当尽量减小汽车的总质量及其旋转部件的质量。

知识单元四　汽车的动力性分析

学习目标

知识：1. 掌握汽车的行驶方程及驱动条件；
2. 熟悉汽车的附着条件及附着力的意义；
3. 知道影响汽车动力性的主要因素；
4. 知道汽车的功率平衡的意义。

素养：具备分析、总结归纳问题的能力。

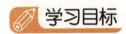

知识储备

一、汽车的行驶方程及驱动条件

汽车只有克服各种行驶阻力才能正常行驶。表示汽车驱动力与行驶阻力之间关系的等式称为汽车的驱动力平衡方程，如图 2–9 所示。

图 2–9 汽车的驱动力平衡方程示意

其汽车的行驶方程：

$$F_t = F_f + F_w + F_i + F_j$$

式中 F_t——汽车的驱动力；

F_f——滚动阻力；

F_w——空气阻力；

F_i——坡道阻力；

F_j——加速阻力。

式中说明了汽车行驶中驱动力与行驶阻力的平衡关系，如表 2–3 所示。

表 2–3 驱动力与行驶阻力的平衡关系

驱动力与行驶阻力关系	汽车运动状态
$F_t = F_f + F_w + F_i$	汽车匀速行驶
$F_t > F_f + F_w + F_i$	汽车才能起步或加速行驶
$F_t < F_f + F_w + F_i$	汽车无法起步或减速行驶

当汽车的驱动力等于滚动阻力、空气阻力和坡道阻力之和时，汽车匀速行驶；当驱动力大于后三者时，汽车才能起步或加速行驶；当驱动力小于后三者时，汽车无法起步或减速行驶。所以汽车行驶的驱动条件为

$$F_t \geqslant F_f + F_w + F_i$$

该式称为汽车的驱动条件，它是汽车行驶的必要条件，但还不是汽车行驶的充分条件。

当发动机的转速特性、变速器的传动比、主减速比、传动效率、车轮半径、空气阻力系

数、汽车迎风面积以及汽车质量等初步确定后，便可使用此式分析汽车在附着性能良好的典型路面（混凝土、沥青路面）上的行驶能力，即确定汽车在节气门全开时可能达到的最高车速、加速能力和爬坡能力。

为了清晰而形象地表明汽车行驶时的受力情况及其平衡关系，一般是将汽车的行驶方程式用图解法来进行分析，即在汽车驱动力图上把汽车行驶中经常遇到的滚动阻力和空气阻力曲线也画上，作出汽车驱动力－行驶阻力平衡图，并以它来确定汽车的动力性。图 2–10 所示为一辆有四挡变速器汽车的驱动力－行驶阻力平衡图。图上既有各挡的驱动力，又有滚动阻力以及滚动阻力和空气阻力叠加后得到的力的行驶阻力曲线。

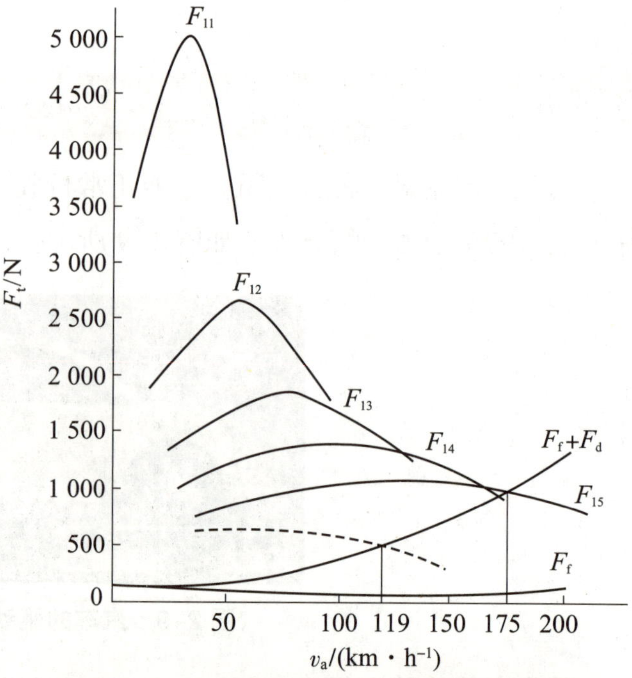

图 2–10　汽车的驱动力－行驶阻力平衡图

二、汽车的附着条件及附着力

1. 汽车的附着条件

要提高汽车的动力性，可以采用增加发动机转矩、加大传动系统的传动比等措施以增大汽车的驱动力来实现。但是这些措施只有在驱动轮与路面不发生滑转现象时才有效。如果驱动轮在路面滑转，则增大驱动力只会使驱动轮加速旋转，地面切向反作用力并不会增加，汽车仍不能行驶。这种现象说明地面作用在驱动轮上的切向反作用力受地面接触强度的限制，并不能随意加大，即汽车行驶除受驱动条件制约外，还受轮胎与地面附着条件的限制。

汽车行驶附着条件又称汽车行驶黏着条件、汽车行驶充分条件或汽车行驶第二条件。

地面对轮胎切向反作用力的极限值称为附着力，记作 F_φ。在硬路面上附着力取决于轮胎与路面间的相互摩擦，它与驱动轮法向反作用力 F_z 成正比，常写成

$$F_\varphi=F_z\varphi$$

式中　φ——附着系数。

它是由轮胎和路面的结构特性决定的，表示轮胎与路面的接触强度。在硬路面上，附着系数反映轮胎与路面的摩擦作用。当轮胎与路面接触时，路面的坚硬微小凸起能嵌入变形的轮胎中，增加了轮胎与路面的接触强度，对轮胎滑转有一定的阻碍作用。

在松软路面上，附着系数 φ 值不仅取决于轮胎与土壤间的摩擦作用，同时还取决于土壤

的抗剪强度。因为只有当嵌入轮胎花纹沟槽的土壤被剪切脱开基层时，轮胎在接地面积内才产生相对滑动，车轮发生相对滑转。

因此，地面切向反作用力不能大于附着力，否则会发生驱动轮滑转，汽车将不能行驶，即必须满足以下条件：

$$F_t \geqslant F_\varphi = F_z\varphi$$

此为汽车行驶的第二个条件——附着条件。综合汽车的驱动条件与附着条件，则得

$$F_f + F_w + F_i \leqslant F_t \leqslant F_z\varphi$$

这就是汽车行驶的必要与充分条件，称为汽车行驶的驱动－附着条件。

2. 汽车的附着力

汽车的附着力 F_φ 取决于附着系数以及地面作用于驱动轮的法向反作用力 F_z。

1）附着系数

附着系数主要取决于路面的种类与状况、轮胎的结构与气压以及其他一些使用因素。

（1）路面的种类与状况。

坚硬路面的附着系数较大，路面的坚硬微小凸起部分嵌入轮胎的接触面，使接触强度增大。长期使用已经磨损的轮胎和风化的路面会使附着系数降低。气温升高时，路面硬度下降，附着系数也会下降。路面被细沙、尘土、油污等覆盖，都会使附着系数下降。

松软土壤的抗剪强度较低，其附着系数较小。对于潮湿、泥泞的土路，土壤表层因吸水量多，其抗剪强度更差，附着系数下降很多，这是汽车越野行驶困难的原因之一。

路面的结构对排水能力也有很大影响。路面的宏观结构应具有一定的不平度，而且具有自动排水的能力；路面的微观结构应是粗糙的，而且有一定的尖锐棱角，可以穿透水膜直接与胎面接触。

（2）轮胎的结构与气压。

轮胎花纹对附着系数的影响也较大。具有细而浅花纹的轮胎在硬路面上有较好的附着能力；具有宽而深花纹的轮胎在软路面上使附着能力有所提高。增加胎面的纵向花纹，在干燥的硬路面上，由于接触面积减小，附着系数会有所下降；但在潮湿的路面上，有利于挤出接触面中的水分，可以改善附着能力。

为了提高轮胎的“抓地”能力，现在的轮胎胎面上常有纵向的曲折大沟槽，胎面边缘上有横向沟槽，使轮胎在纵向、横向均有较好的“抓地”能力，又提高了在潮湿地面上的排水能力。宽断面和子午线轮胎由于与地面的接触面积增大，附着系数较高。轮胎的磨损会使胎面花纹深度减小，附着系数将显著下降。

降低轮胎气压，可使硬路面的附着系数略有增加，所以采用低压胎可获得较好的附着性能。在松软的路面上，降低轮胎气压，则轮胎与土壤的接触面积增加，胎面凸起部分嵌入土

壤的数目也增多，因而附着系数显著提高。如果同时增加车轮轮辋的宽度，则效果更好。对于潮湿的路面，适当提高轮胎气压，使轮胎与路面的接触面积减小，有助于挤出接触面间的水分，使轮胎得以与路面较坚实的部分接触，因而可提高附着系数。

（3）汽车行驶速度。

汽车行驶速度提高时，多数情况下附着系数是降低的。在硬路面上提高行驶速度时，由于路面微观凹凸构造来不及与胎面完善地嵌合，因此附着系数有所降低。在潮湿的路面上提高车速时，由于接触面间的水分来不及排出，因此附着系数显著降低。在软土壤上，由于高速车轮的动力作用容易破坏土壤的结构，因此提高行驶速度对附着系数产生极不利的影响。只有在结冰的路面上，车速高时，与轮胎接触的冰层受压时间短，因而在接触面间不容易形成水膜，故附着系数略有提高。但要特别注意，在冰路上提高行驶速度会使行驶稳定性变坏。

（4）车轮相对于地面的滑转率。

车辆在松软地面行驶时，由于土壤在提供推力时发生剪切变形，故车辆驱动轮或履带的接地面相对地面有向后的滑动，称为滑转。滑转是指驱动轮实际走过的距离小于纯滚动时应走过的距离。车轮滑转率指车辆的理论速度与实际速度的差与理论速度的比值。车轮相对于地面的滑转率可用下式表示，即

$$S=\frac{r\omega-v_a}{r\omega}$$

式中　r——车轮半径；

ω——车轮角速度；

v_a——车速。

驱动轮纵向附着系数及侧向附着系数与滑转率的关系如图 2-11 所示。当驱动轮滑转率 S_x 从 0 开始增加时，纵向附着系数 φ_x 也随之增加，当 S_x 达到 S_T（一般为 0.08~0.30）时，纵向附着系数达到最大值 φ_{xmax}，此后，如果 S_x 继续增加，纵向附着系数 φ_x 反而随之下降，当 S_x 达到 1 时，即车轮发生纯滑转时，其纵向附着系数要远远小于 φ_{xmax}，所以从动力性上考虑，驱动轮的滑转率最好处于 S_T 的一个小邻域内。但同时考虑到车辆侧向附着系数随纵向滑转率的增大而急剧减小，所以从侧向附着系数上考虑，并注意到车辆的方向稳定性，一般认为驱动轮的最佳滑转率在小于 S_T 的范围内，可取 0.08~0.15。

（5）汽车驱动防滑控制系统。

汽车驱动防滑控制系统（或称汽车牵引力控制系统）就是通过控制车轮的滑转率，从而提高汽车的驱动力和车辆的方向稳定性的。

汽车驱动防滑控制系统的主要控

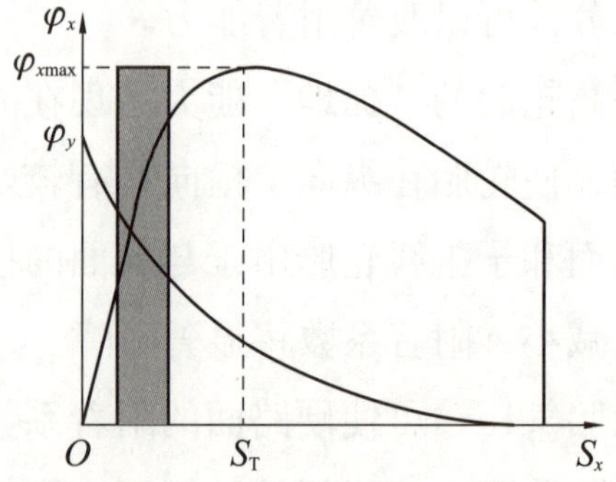

图 2-11　驱动轮纵向附着系数及侧向附着系数与滑转率的关系

制方式如下：

①发动机输出转矩调节。通过减小点火提前角，减少供油或暂停供油，从而使发动机输出转矩减少，S_T 降低。

②驱动轮制动力矩调节。在车轮发生打滑时，在驱动轮上施加制动力矩，使车轮转速降至最佳的滑转率范围内。

③差速器锁止控制。当路面两侧附着系数 φ 差别较大时，附着系数低的一侧驱动轮发生滑转时，电子控制装置驱动锁止阀，一定程度地锁止差速器，使附着系数高的一侧驱动轮的附着系数得以充分发挥，车速和行驶稳定性获得提高。

④离合器控制或变速器控制。离合器控制是指当发现汽车驱动轮发生过度滑转时，减弱离合器的接合程度，使离合器主、从动盘出现部分相对滑转，从而减小传输到半轴的发动机输出转矩；变速器控制是指通过改变传动比来改变传递到驱动轮的驱动转矩，以减小驱动轮的滑转程度。

综上所述，附着系数受一系列因素的影响。在一般动力性计算中只用附着系数的平均值，如表 2-4 路面附着系数参照表。

表 2-4　路面附着系数参照表

道路类型	路面情况	附着系数 φ
良好的混凝土或沥青路	路面干燥时	0.7~0.8
	路面潮湿时	0.5~0.6
土路	路面干燥时	0.5~0.6
	路面潮湿时	0.2~0.4
碎石路	路面干燥时	0.6~0.7

2）车轮的地面法向反作用力

附着力与地面对车轮的法向反作用力成正比，而驱动轮的地面反作用力与汽车的总体布置、行驶状况及道路坡度有关。图 2-12 所示为汽车加速上坡时的受力图。

若将作用在汽车上的各力对前、后轮与道路接触中心取力矩（将质心与空气阻力中心近似看作重合，$\cos\alpha \approx 1$），则得

$$F_{z1} = \frac{Gb - (F_i + F_j + F_w)h_g}{L}$$

$$F_{z2} = \frac{Ga - (F_i + F_j + F_w)h_g}{L}$$

式中　$\frac{Gb}{L}$，$\frac{Ga}{L}$——汽车在水平路面上静止时前、后轴上的静载荷；

$\frac{(F_i + F_j + F_w)h_g}{L}$——行驶中产生的动载荷。

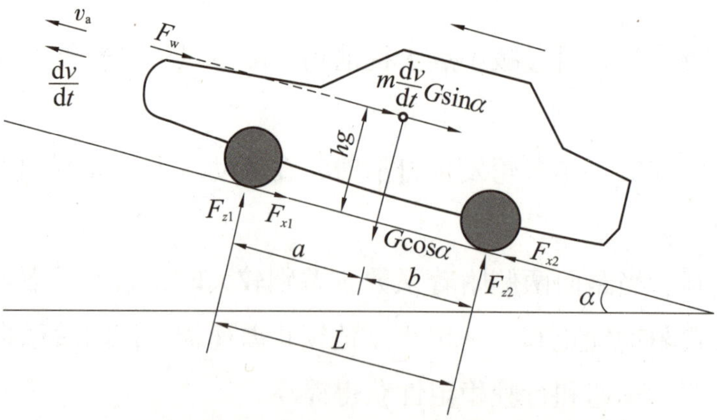

图 2-12　汽车加速上坡时的受力图

G—汽车重力；h_g—汽车质心高度；$\frac{dv}{dt}$—汽车加速度；F_{z1}，F_{z2}—前、后车轮的地面法向反作用力；F_{z1}，F_{z2}—前、后车轮的地面切向反作用力；L—汽车轴距；a，b—汽车质心到前、后轴的距离；α—坡度角

当汽车上坡或加速时，前轮载荷减小，而后轮载荷增加；当汽车下坡或减速时，载荷变化与此相反。

由此可见，在一定附着系数的路面上，不同驱动方式的汽车具有不同的汽车附着力。后轮驱动的汽车在上坡和加速时，其驱动轮的法向反作用力大，驱动轮的附着力大，能得到的驱动力大，其加速能力和上坡能力好。

当四轮驱动汽车前、后驱动轮附着力的分配刚好等于其前、后车轮法向反作用力的分配时，得到的附着力最大。

注意： 通常说只有全轮驱动汽车才有可能充分利用整部汽车的重力来产生汽车附着力，这是不准确的。该说法成立的前提条件是汽车前、后驱动轮附着力的分配刚好等于其前、后车轮法向反作用力的分配，因此并不是任何情况下都能充分地利用整部汽车的重力来产生附着力。

三、影响汽车动力性的主要因素

1. 发动机性能

发动机功率越大，汽车的动力性越好。设计中发动机最大功率的选择必须保证汽车预期的最高车速。最高车速越高，要求的发动机功率越大，其后备功率也越大，加速爬坡能力必然较好。但发动机功率不宜过大，否则在常用条件下，发动机负荷过低，燃油经济性将会下降。

2. 传动系统的参数

传动系统的机械效率和变速器的挡数对汽车动力性有较大影响。

发动机的动力在传送过程中必然存在损失。动力损失越小，发动机有效功率就会更多地转变为驱动功率，说明传动系统机械效率高，汽车动力性好。变速器挡数增加，发动机在接近最大功率工况下的工作机会增加，发动机的平均功率利用率高，可得到的后备功率大。例如，在两挡变速器的一挡与直接挡之间增加两个挡位时，汽车的最高车速和最大爬坡度均不变。但在一定的速度范围，可利用的后备功率增大了，有利于汽车的加速和上坡。为了改善动力性能，通常重型货车使用组合式变速器，其挡位可多达 9~10 个前进挡。

另外，减小空气阻力系数、减轻汽车的质量和选用滚动阻力系数小的轮胎，将使汽车的行驶阻力减小；在日常使用中，应注意定期润滑传动件，采用适当的轮胎气压及定期对底盘进行检查调整，都可使汽车的动力性得到改善。

四、汽车的功率平衡

1. 功率平衡方程式

汽车在行驶中，不仅驱动力与行驶阻力互相平衡，在每一瞬时，发动机发出的有效功率 P_e 始终等于机械传动损失功率与全部运动阻力所消耗的功率，这就是汽车的功率平衡。其功率平衡方程式为

$$P_e=\frac{1}{\eta_T}(P_f+P_w+P_i+P_j)$$

式中 P_f——滚动阻力消耗功率；

P_i——上坡阻力消耗功率；

P_w——空气阻力消耗功率；

P_j——加速阻力消耗功率；

η_T——传动系效率，直接挡取 0.9，其他挡取 0.85。

2. 功率平衡图

若以纵坐标表示功率，横坐标表示车速，将发动机功率 P_e、汽车遇到的阻力功率（P_f+P_w）/η_T 与车速的关系曲线绘在坐标图上，即得汽车功率平衡图。图 2-13 所示为一辆三挡汽车的功率平衡图。

在图 2-13 中，最高挡时发动机功率（P_f+P_w）/η_T 曲线与阻力功率曲线相交点的车速，便是汽车在良好水平路面上行驶的最高车速 v_{amax}。

当汽车在良好水平路面上以 v'_a 的速度等速行驶时，汽车的阻力功率为线段 bc。此时，驾驶

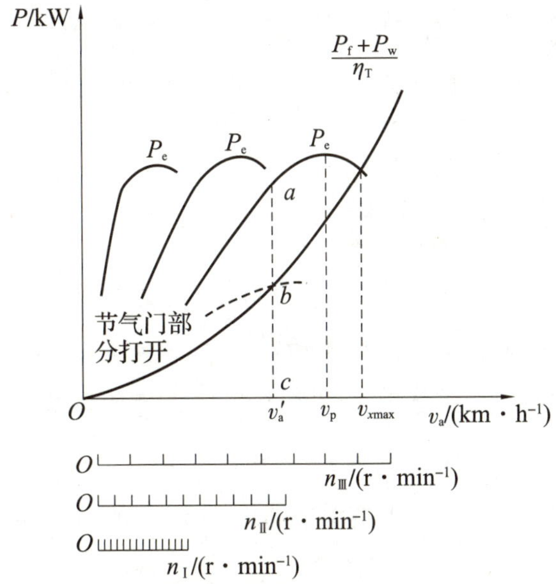

图 2-13　汽车的功率平衡图

员控制节气门在某一开度，发动机功率如图 2-13 中虚线所示，以维持汽车等速行驶。

但是汽车在最高挡行驶速度为 v'_a 时，发动机能产生的最大功率为线段 ac，线段 ab 可用来加速或爬坡。我们称 $P_e-(P_f+P_w)/\eta_T$ 为汽车的后备功率。

这就是说，在一般情况下维持汽车等速行驶所需发动机功率并不大，节气门开度较小。当需爬坡或加速时，驾驶员加大节气门开度，使汽车的全部或部分后备功率发挥作用。因此，汽车后备功率越大，其加速能力、爬坡能力越强，汽车的动力性越好。

利用功率平衡定性地分析设计与使用中有关动力性问题比较清晰简便，同时也能很清楚地看出行驶时发动机负荷率的变化，所以对汽车燃油经济性的分析也比较方便。

任务　汽车动力性的检测

学习目标

知识： 1. 知道汽车动力性检测项目与有关标准；
2. 掌握汽车动力性的检测方法；
3. 熟悉汽车底盘测功台的结构、工作原理和使用方法。

技能： 1. 学会汽车动力性的检测方法；
2. 熟悉汽车底盘测功台的使用方法。

素养： 具备安全、规范操作的素养。

任务分析

本任务主要是介绍汽车动力性检测的相关方法和仪器设备的使用，动力性检测有室内台架检测和道路检测两种方法。台架试验由于在室内进行，不受气候、驾驶技术等客观条件的影响，只受测试仪本身测试精度的影响，测试条件易于控制，是汽车检测站主要采用的检测手段，台架试验的主要设备是汽车底盘测功机。而路试条件与车辆实际运行状况的条件相符，其结果更能真实地体现汽车的动力性。

知识储备

一、台架检测

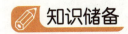

汽车动力性室内台架试验的方式主要是用无外载测功仪检测发动机功率，用底盘测功机检测汽车的最大输出功率、最高车速和加速能力。室内台架试验不受气候、驾驶技术等客观条件的影响，只受测试仪本身测试精度的影响，测试条件易于控制，所以汽车检测站广泛采用汽车动力性室内台架试验方式。为了取得精确的测量结果，底盘测功机的生产厂家应在说明书中给出该型底盘测功机在测试过程中本身随转速变化机械摩擦所消耗的功率，对风冷式测功机还需给出冷却风扇随转速变化所消耗的功率。另外，由于底盘测功机的结构不同，对汽车在滚筒上模拟道路行驶时的滚动阻力也不同，在说明书中还应给出不同尺寸的车轮在不同转速下的滚动阻力系数值。

二、道路检测

通过道路试验分析汽车动力性能，其结果接近于实际情况。汽车动力性道路试验的检测项目一般有高挡加速时间、起步加速时间、最高车速、陡坡爬坡车速、长坡爬坡车速，有时为了评价汽车的拖挂能力，还应进行汽车牵引力检测。另外，有时为了分析汽车动力的平衡问题，采用高速滑行试验以测定滚动阻力系数 f 及空气阻力系数 C_D。但由于道路试验受到道路条件、风向、车速、驾驶技术等因素的影响，而且这些因素可行性差，同时还需要按规定条件选用或建造专门的道路等，因此汽车维修、检测部门一般不采用道路试验进行动力性能检测。

三、汽车底盘测功台

底盘测功台是一种不解体检验汽车性能的检测设备，它通过在室内台架上模拟道路行驶工况的方法来检测汽车的动力性，还可以测量多工况排放指标及油耗。底盘测功台通过滚筒模拟路面，通过功率吸收加载装置来模拟道路行驶阻力，通过飞轮的转动惯量来模拟汽车直线运动质量的惯量，故能进行符合实际的复杂循环试验，因而得到广泛应用。

底盘测功台按照不同的分类方法，可以分为不同的类型。

（1）按测功装置中测功器形式不同，底盘测功台可以分为水力式、电力式和电涡流式三种。

（2）按测功装置中测功器冷却方式不同，底盘测功台可以分为风冷式、水冷式和油冷式三种。

（3）按滚筒装置承载能力不同，底盘测功台又可以分为小型（承载质量不大于3t）、中型（承载质量大于3t且不大于6t）、大型（承载质量大于6t且不大于10t）和特大型（承载质量大于10t）四种。

汽车底盘测功台主要由道路模拟系统、数据采集与控制系统、安全保障系统及引导系统等构成。

滚筒式底盘测功台一般由滚筒装置、测功装置、飞轮机构、反拖装置、数据与控制系统、安全保障系统、举升装置、引导系统、控制和指示装置等组成，如图2-14所示。

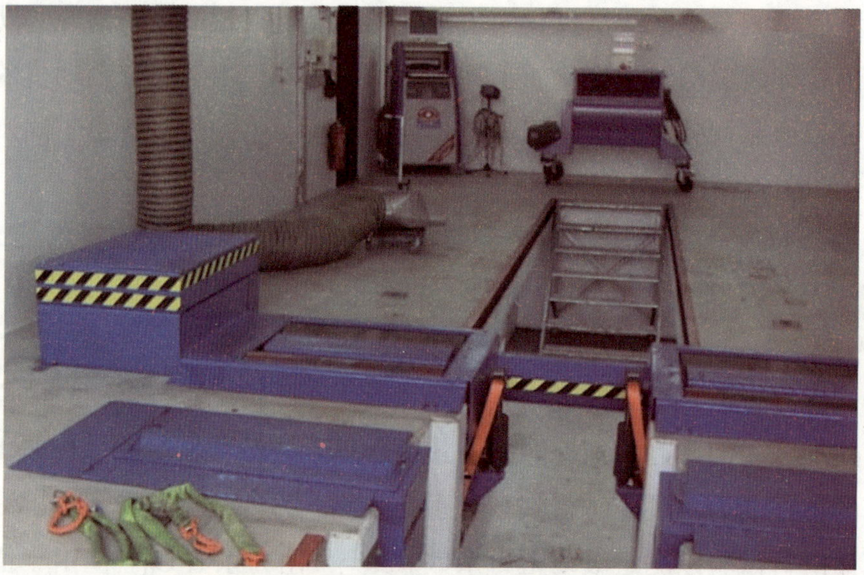

图2-14　底盘测功台整体结构

1. 滚筒装置

底盘测功台的滚筒相当于连续移动的路面，被测车辆的车轮在其上滚动。滚筒有单滚筒和双滚筒之分，如图2-15所示。

（a）　（b）

图2-15　滚筒式底盘测功台

（a）单轴单滚筒式；（b）双轴双滚筒式

1）单滚筒检验台

支撑两边驱动车轮的滚筒各为单个的检验台，称为单滚筒检验台。单滚筒检验台的滚筒直径一般较大，大多在 1 500~2 500mm。滚筒直径越大，车轮在滚筒上滚动就越像在平路上滚动，使轮胎与滚筒的滑转率小、滚动阻力小，因而测试精度较高。但加大滚筒直径会受到制造、安装、占地和费用等多方面的限制，因此滚筒直径不宜过大。

2）双滚筒检验台

支撑汽车两边驱动车轮的滚筒各为两个的检验台称为双滚筒检验台。双滚筒检验台的滚筒直径比单滚筒小得多，一般在 185~400mm。滚筒直径往往随检验台的最大试验车速而定，当最大试验车速高时，直径也相应大些。由于双滚筒检验台滚筒直径相对较小，轮胎与滚筒的接触与在道路上不一样，致使滑转率增大，滚动阻力增大，滚动损失增加，故测试精度较低。

2. 测功装置

测功装置能测量发动机经传动系统传至驱动车轮的功率。测功装置也是加载装置，对于滚筒式底盘测功台是十分必要的。这是因为汽车在滚筒式底盘测功台上试验时，检验台应模拟车辆在道路上行驶所受的各种阻力，因此需要对滚筒加载，以使车辆的受力情况同在实际道路上行驶一样。

测功装置由测功器和测力装置组成。滚筒式底盘测功台常用的测功器有水力测功器、电力测功器和电涡流测功器三种。不论哪种测功器，它们都是由转子和定子两大部分组成的，并且转子与主滚筒相连，而定子是可以摆动的。

汽车综合性能检测站和汽车维修企业使用的滚筒式底盘测功台，多采用电涡流测功器。电涡流测功器具有测量精度高、振动小、结构简单、易于调控等优点，并具有宽广的转速范围和功率范围。

3. 飞轮机构

飞轮机构用于模拟汽车在道路上行驶时的动能，常采用离合器，以实现与滚筒的自由接合。飞轮机构通常具有一组多个飞轮，飞轮机构的转动惯量及其在各个飞轮上的分配应与所测车型加速能力试验和滑行能力试验的要求相适应。

汽车在道路上行驶时，汽车本身具有一定的惯性能，即汽车的动能；而汽车在底盘测功台上运行时，车身静止不动，车轮带动滚筒旋转，在汽车处于减速工况时，由于系统的惯量比较小，汽车很快就停止运行。所以检测汽车的减速工况和加速工况时，汽车底盘测功台必须配备惯性模拟系统，如图 2-16 所示。

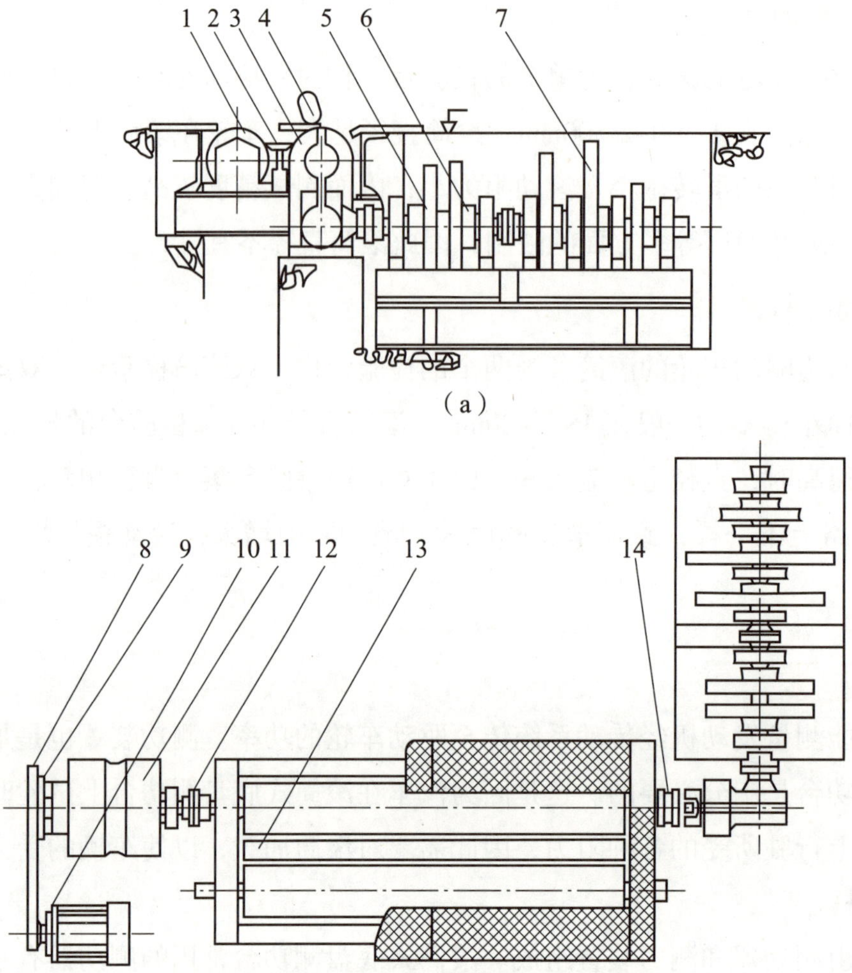

（a）　（b）

图 2–16　惯性模拟系统

1—滚筒；2—举升器；3—变速器；4—挡轮；5—小飞轮；6—电磁离合器；7—大飞轮；8—传动链；9—超越离合器；10—拖动电动机；11—功率吸收装置；12—双排联轴器；13—举升板；14—牙嵌式离合器

汽车底盘测功台台架转动惯量是通过飞轮来实现的。目前由于对汽车台架的惯量没有制定相应的标准，因而国产底盘测功台所装配的惯性飞轮的个数不同，且飞轮惯量的大小也不同，飞轮的个数越多，检测精度越高。

4. 反拖装置

反拖装置是采用反拖电动机带动功率吸收装置、滚筒、车轮以及汽车传动系统的一种装置，如图 2–17 所示。其主要由反拖电动机、滚筒、车轮、转矩仪（或电动机悬浮测力装置）等组成。利用反拖装置，可以方便地检测汽车底盘测功台台架的机械损失，还可以检测汽车传动系统、主减速器、车轮与滚筒的阻力损失等。但值得注意的是，在检测过程中，主减速器、车轮与滚筒的正向拖动与反向拖动阻力有差异，目前尚未得到广泛应用。

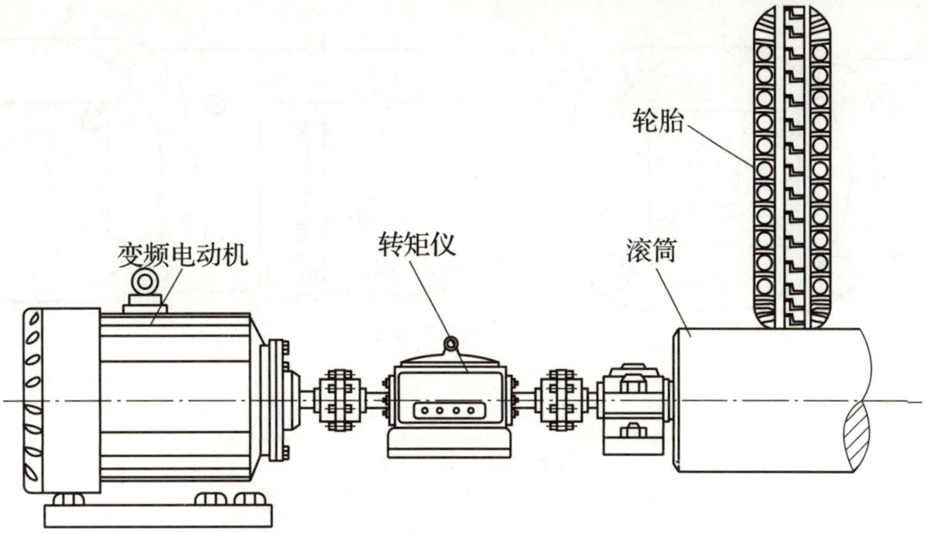

图 2-17　带有反拖装置的底盘测功台

5. 数据采集与控制系统

1）车速信号传感器

目前，国内检测线用的汽车底盘测功台所采用的车速信号传感器可以分为光电式、磁电式、霍尔式、测速电动机式等几个类型，应用较多的是磁电式和测速电动机式两种，如图 2-18 所示。

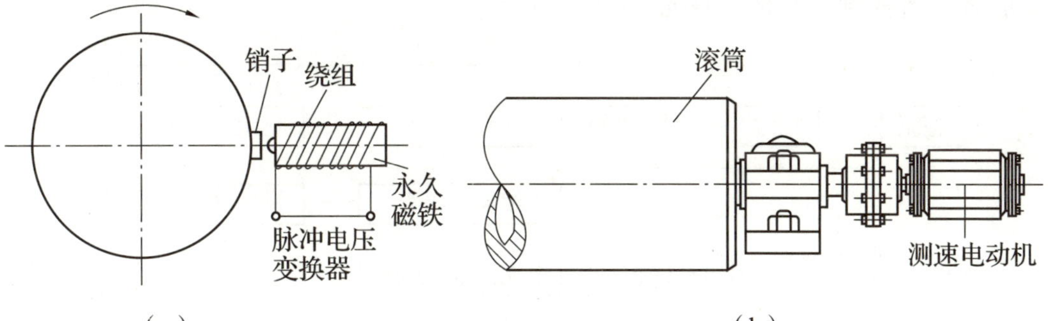

图 2-18　车速信号传感器

（a）磁电式车速传感器的工作原理；（b）测速电动机的工作过程

2）测力装置

汽车底盘测功台驱动力传感器可分为两种：一种是拉压传感器，如图 2-19（a）所示；另一种是位移传感器，如图 2-19（b）所示。它们一边连接功率吸收装置的外壳，另一边连接机体。

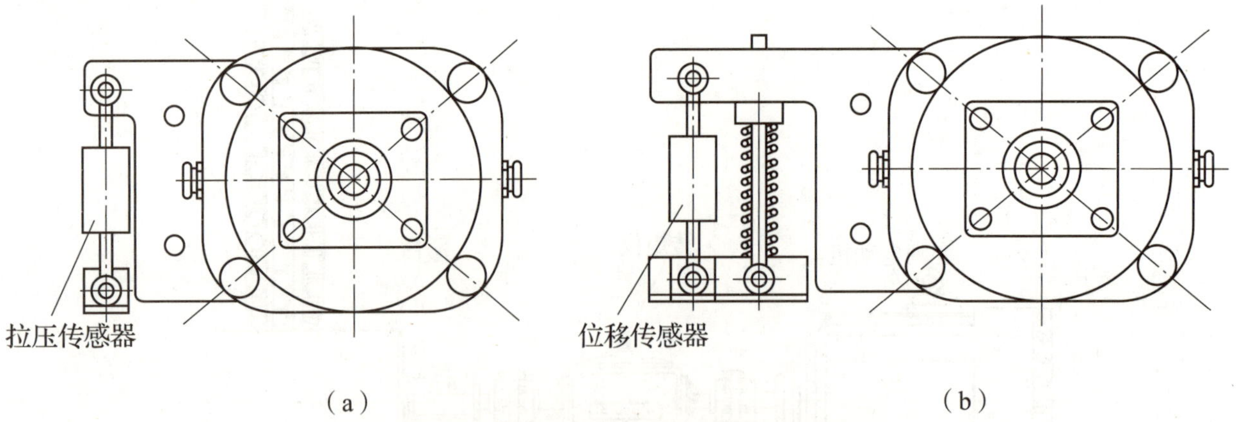

图 2-19　测力装置

（a）拉压传感器；（b）位移传感器

功率吸收装置在工作过程中，无论是水力式、电涡流式，还是电力式，其外壳都是浮动的。

3）控制系统

电涡流式加载装置可控性好，结构简单，质量轻，便于安装，在底盘测功台中得到了广泛应用。

汽车在行驶过程中存在滚动阻力、加速阻力和坡道阻力，其中加速阻力可通过惯性飞轮来模拟。通过台架模拟道路必须选用加载装置，要想控制它，就必须知道控制电压及电流。电涡流式加载装置控制系统的框图如图 2-20 所示。

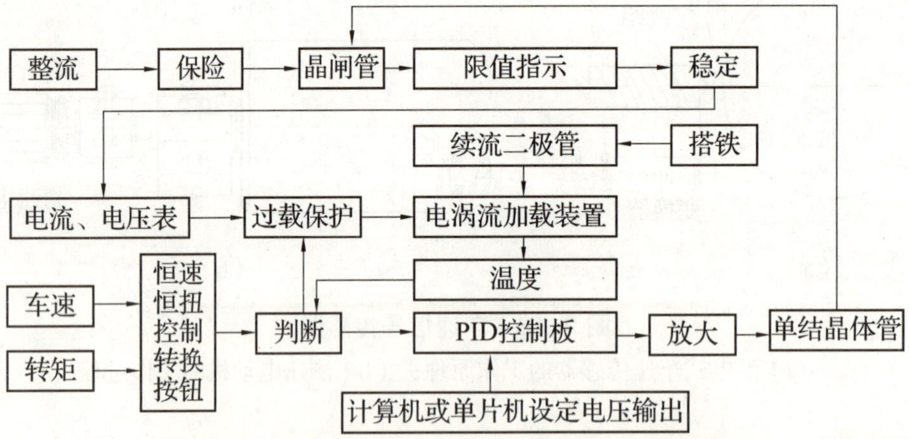

图 2-20　电涡流式加载装置控制系统的框图

6. 安全保障系统

安全保障系统包括左右挡轮、系留装置、车偃、发动机与车轮冷却风机，其作用分述如下：

（1）左右挡轮的目的是防止汽车车轮在旋转过程中，在侧向风作用力的作用下横向滑出滚筒。

（2）系留装置是指地面上的固定盘与车辆相连，以防车辆高速行驶时，由于滚筒的卡死而飞出滚筒。

（3）车偃的作用是防止车辆在运行过程中车体前后移动，同时也达到与系留装置相同的功能。

（4）发动机与车轮冷却风机的作用是防止车辆在运行过程中发动机和车轮过热。

7. 引导、举升及滚筒锁止系统

1）引导系统

引导系统也称驾驶员助手，其作用是引导驾驶员按提示进行操作。提示的方法有两种，一种是显示牌，另一种是大屏幕显示装置。

2）举升装置

底盘测功台常用的举升装置类型有气压式和液压式两种。

（1）气压式升降机如图 2-21 所示，它由电磁阀、气动控制阀及双向气缸或橡胶气囊组成。

在气压的作用下，气缸中的活塞便可上下运动以实现升降的目的。

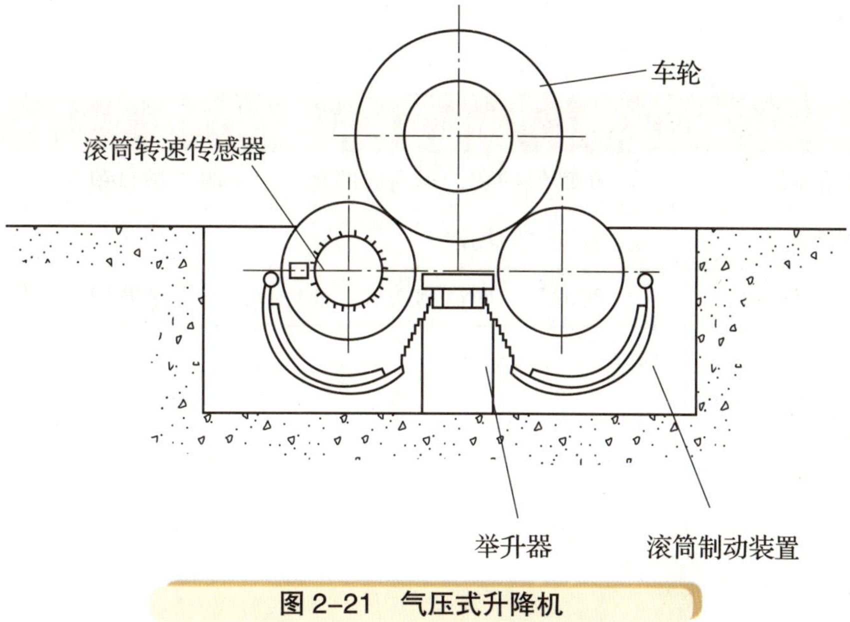

图 2-21　气压式升降机

（2）液压式举升装置通常由电磁阀、分配阀、液压举升缸等组成。在液压作用下，举升缸活塞上下移动，实现升降的目的。

3）滚筒锁止系统

棘轮棘爪式滚筒锁止系统如图 2-22 所示，它由双向气缸、棘轮、棘爪、复位弹簧、杠杆及控制器组成。通过控制器控制压缩空气的通断，当某一方向通气后，空气推动气缸活塞运动，控制棘爪与棘轮离合，以达到锁止或放松滚筒的目的。

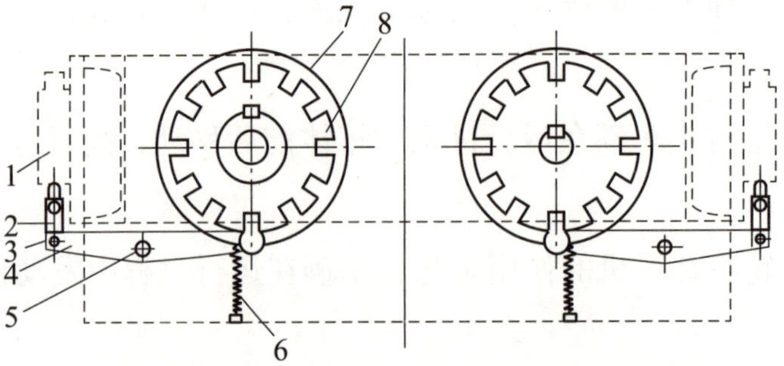

图 2-22　棘轮棘爪式滚筒锁止系统

1—双向气缸；2—杠杆；3—连接销；4—棘爪；5—固定销；6—复位弹簧；7—滚筒；8—棘轮

8. 控制和指示装置

底盘测功台的控制装置和指示装置常做成一体，称为控制柜，安放在机械部分的左前方易于操作和观察的位置。当测力装置和测速装置均为电测式，指示装置为机械式时，指示装置仅能显示驱动轮的驱动力，驱动轮输出功率需根据所测出的驱动力和试验车速换算得到。

全自动检测线底盘测功工位的控制与指示通常由主控电脑、工位测控电脑及检验程序指示器等来完成。

任务准备

准备项目	准备内容
防护用品准备	车辆保护套、车内五件套、工作服、护目镜等
场地准备	台架试验场地
工具、设备、材料准备	实训车、底盘测功机、油耗仪、汽车维修通用工具

任务实施

一、台架检测

1. 发动机功率的检测方法

用发动机无外载测功仪检测发动机功率，如图 2-23 所示，使用方便，检测快捷，在规范操作的前提下，可为发动机动力性检测与管理提供有效依据，还可以用于同一发动机调试前后、维修前后的功率对比，因此也得到广泛应用。

（1）预热发动机至正常状态后接通无外载测功仪电源，连接传感器。

（2）按仪器使用说明书进行操作。

（3）从测功仪上读取发动机的功率值。

2. 汽车底盘输出功率的检测方法

通过底盘测功机检测车辆的最大底盘输出功率，用以评定车辆的技术状况等级，如图 2–24 所示。

（1）在动力性检测之前，必须按汽车底盘测功机说明书的规定进行试验前的准备。台架举升器应处于举升状态，无举升器者滚筒必须锁定；车轮轮胎表面不得夹有小石子或坚硬之物。

（2）汽车底盘测功机控制系统、道路模拟系统、引导系统、安全保障系统等必须工作正常。

（3）在动力性检测过程中，控制方式处于恒速控制，当车速达到设定车速（误差 ±2km/h）并稳定 5s 后（时间过短，检测结果重复性较差），计算机方可读取车速与驱动力数值，并计算汽车底盘输出功率。

（4）输出检测结果。

图 2–23　发动机功率的检测

图 2–24　汽车底盘输出功率的检测

二、底盘测功台检测实施

1. 准备工作

1）检测设备和仪器

检测设备和仪器包括底盘测功台、温度计、湿度计、气压计和饱和蒸汽压计等。

2）底盘测功台的准备

使用测功台之前，按厂家规定的项目对测功台进行检查、调整、润滑，在使用过程中，要注意仪表指针的回位（或数字显示的回零）、举升器工作导线的接触情况。发现故障，及时清除。

3）被检汽车的准备

（1）汽车开上底盘测功台以前，调整发动机供油系统及点火系统至最佳工作状态。

（2）检查、调整、紧固和润滑传动系统及车轮的连接情况。

（3）清洁轮胎，检查轮胎气压是否符合规定。

（4）汽车必须运行至正常工作温度。

（5）排气系统应有排气消声器，系统不得泄漏。

（6）检查空气滤清器状况，允许更换空气滤清器滤芯。

（7）关闭空调系统等非汽车运行所必需的耗能装置。

4）确定测功项目

对汽车进行底盘测功前，首先根据测试或应车主要求，确定测功项目。一般有以下几项：

（1）发动机额定功率转速下驱动车轮的输出功率或驱动力。

（2）发动机额定转矩转速下驱动车轮的驱动力或输出功率。

（3）发动机全负荷选定车速下驱动车轮的输出功率或驱动力。

（4）发动机部分负荷选定车速下驱动车轮的输出功率或驱动力。

《营运车辆综合性能要求和检验方法》规定，在检测线上，轻型车辆按发动机额定转矩转速工况检测，其他车辆在发动机额定功率转速工况和额定转矩转速工况检测均可。

5）设定车速值的确定

为简化检测工作，《营运车辆综合性能要求和检验方法》中规定了不同型号的车辆检测驱动轮输出功率时的检测车速，并给出了驱动轮输出功率的限值标准，选择的原则以其测试工况、车辆型号、燃油种类为依据。

6）检测汽车驱动轮功率应注意的事项

（1）超过测功台允许轴重或轮重的车辆一律不准上测功台进行检测。

（2）检测过程中，切勿拨弄举升器托板操纵手柄，车前方严禁站人，以确保检测安全。

（3）检测时，一定要开启冷却风扇，并密切注意各种异响和发动机的冷却水温。

（4）磨合期间的新车和大修车不宜进行底盘测功。

（5）测功台不检测期间，不准在上面停放车辆。

相关说明：大多数检测站使用的底盘测功台都是单轴滚筒式底盘测功台，如果没有配备自由滚筒，对于双后驱动桥的车辆，车辆的第三桥只能位于地面上，导致第三桥车轮不转，由于汽车轴间差速器的作用，将使第二桥车加速旋转，而导致汽车轴间差速器的损坏。或者由于第三桥在地面上的驱动牵引作用，车辆将向前驶出底盘测功台的滚筒。

有些检测线配备如图 2–25 所示的第三滚筒（自由滚筒），即便如此，两驱动轴由于车轮转速的不同，轴间差速器仍可能出现高转速差的工作状态，也将导致汽车轴间差速器的损坏，还可使所测功率降低，甚至测不出功率。

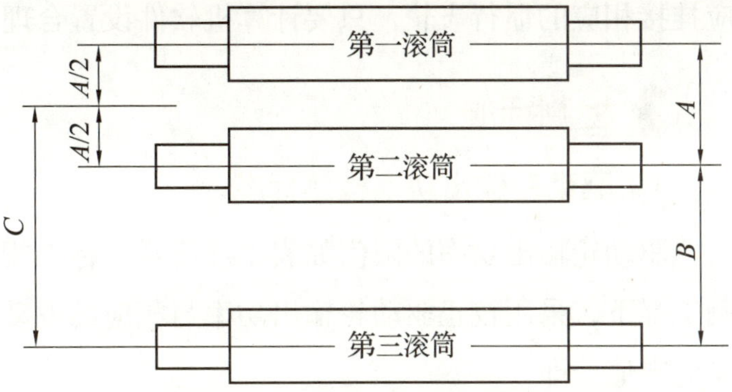

图 2–25 配备自由滚筒的结构

因此，对于检测双后桥驱动的车辆，检测时，应特别注意：对于双轴滚筒式底盘测功台，如果配备自由滚筒，务必将汽车轴间差速器锁可靠地锁住，使两驱动桥同步运转。但是即便将汽车的轴间差速器锁可靠地锁住，保证了两驱动桥同步运转，由于自由滚筒没有功率吸收装置，所测得的底盘输出功率将大为降低。因此，对于检测双后桥驱动的车辆，最合理的方法是选择双轴双滚筒式底盘测功台。

2. 测试步骤

1）汽车驱动轮输出功率的检测

（1）根据显示屏显示的被检车辆的牌号，将车辆驱动轮置于底盘测功台滚筒上，非驱动轮前抵上车偃（或用系留装置拉住车辆），举升器自动降下。

（2）引车员系好安全带，并根据显示屏指令操作，在检测过程中，车辆前方不得站人。

（3）引车员应逐级起步换挡，提速至直接挡，并以直接挡的最低车速稳速运转。

（4）显示屏显示指令“设定车速值”时引车员将加速踏板踩到底，并保持不动，底盘测功台自动加载，直至车速稳定在设定的检测车速值 ±0.5km/h 范围内。

（5）测试车速在设定车速范围内稳定 15s 后，计算机连续自动采集实际车速值、驱动轮输出功率及转矩值，在测试全过程中，实际检测车速和设定车速的允许误差为 ±0.5km/h，转矩波动幅度应小于 ±4%。

（6）工位电脑读取检测数据，引车员挂空挡，松开加速踏板，车轮继续带动滚筒旋转约 1min，确保电涡流测功器散热。

（7）对检测不合格的车辆，允许复测一次。

（8）举升器举起，车辆驶出底盘测功台工位。

对于全自动检测线，本工位所检测的数据直接传输给主控电脑，用于全部项目检测完成后打印检测报告单。对于有工位打印机的，可以在本工位直接打印检测数据。工位打印机可打印设定车速值、实际车速值、驱动轮输出功率及转矩值等。

驱动轮输出功率检测完后，车轮会继续带滚筒旋转，一方面，给电涡流测功器散热；另一方面，可利用该段时间测试 30km/h 至 0 的车辆滑行距离。需要注意的是，滑行距离测试应挂接相应的惯行飞轮，只要计算机软件设置合理，两个参数同时检测完全是可行的。

3. 检测标准

1）驱动轮输出功率检测标准

驱动轮输出功率的限值如表 1–2 所示。标准规定整车动力性检测的判定限值是在上述检测工况下，采用校正驱动轮输出功率与相应的发动机输出功率的百分比，作为驱动轮输出功率的限值，即

$$\eta_{VM}=P_{VM0}/P_M$$

$$\eta_{VP}=P_{VP0}/P_e$$

式中 η_{VM}——汽车在额定转矩工况下的校正驱动轮输出功率与发动机额定转矩功率比值的百分比，%；

η_{VP}——汽车在额定功率工况下的校正驱动轮输出功率与发动机额定功率比值的百分比，%；

P_{VM0}——汽车在额定转矩工况下的校正驱动轮输出功率，kW；

P_{VP0}——汽车在额定功率工况下的校正驱动轮输出功率，kW；

P_M——发动机在额定转矩工况下的输出功率，kW；

P_e——发动机在额定功率工况下的输出功率，kW。

驱动轮输出功率合格的判定条件为

$$\eta_{VM}\geqslant\eta_{Ma}$$

$$\eta_{VP}\geqslant\eta_{Pa}$$

式中 η_{Ma}——汽车在额定转矩工况下的校正驱动轮输出功率与发动机额定转矩功率比值的百分比的允许值，%；

η_{Pa}——汽车在额定功率工况下的校正驱动轮输出功率与发动机额定功率比值的百分比的允许值，%。

允许值的限值是对一般营运车辆动力性的最基本的合格要求，如果动力性达不到允许值的要求，则说明该车动力性不合格，应对该车发动机的传动系统进行检查维修后，再重新检测，一定要合格后才能投入营运工作。根据《营运车辆技术等级划分和评定要求》的规定，凡从事危险品货物运输、高速公路客运、营运客车和 800km 以上超长线公路客运的车辆，其技术等级必须为一级，上述车辆的校正驱动轮输出功率与相应的发动机输出功率的比值的百分数，必须大于或等于额定值的限值才能为合格。对于二、三级车，只要达到相关限值即符合要求。

动力性检测完后，应让滚筒运转 1min 以上以使电涡流测功器散热。底盘测功机在测试中如突然发生停电，引车员应立即松开加速踏板，并挂空挡，等车辆滑行减速直至停驶。

理论和实践都已证明，不同使用环境的大气压力、温度和空气湿度，都会影响到发动机的进气压力，车辆在不同的环境条件下使用，功率值是不一样的，严重时，功率会相差10%~20%。车辆在冬季使用，功率比夏季高温季节要高，平原地区使用比在西部高原地带要好，这也充分说明不同的环境条件下检测驱动轮输出功率的数值是有差异和变化的。

《营运车辆综合性能要求和检验方法》规定，要将现场检测的实测驱动轮输出功率修正到标准环境条件下的校正驱动轮功率后，再和发动机额定转矩功率（或发动机额定功率）比较后得到其百分数，再对车辆的整车动力性进行判定。

考虑到校正的要求，大多数底盘测功工位均配备有温度计、湿度计、气压计等。其检测信号直接传输给电脑，电脑则可按设定的程序自动进行校正计算。

2）汽车滑行性能的检测

（1）正确选择底盘测功台上相应飞轮的当量惯量。

（2）将被检车辆驱动轮置于底盘测功台滚筒上。

（3）按引导系统提示将车辆逐步换至直接挡并加速至高于规定车速（30km/h 或 50km/h）后，置变速器于空挡，利用车辆与测功机存储的动能，使其运转直至车轮停止转动。

（4）电脑记录汽车从规定车速开始至车轮停止转动的滑行距离。

汽车滑行性能的检测标准见表 2–5。

表 2–5　汽车滑行性能的检测标准

汽车整备质量 /kg	双轴驱动车辆滑行距离 /m	单轴驱动车辆滑行距离 /m
$m < 1\,000$	≥ 104	≥ 130
$1\,000 \leqslant m < 4\,000$	≥ 120	≥ 160
$4\,000 \leqslant m < 5\,000$	≥ 144	≥ 180
$5\,000 \leqslant m < 8\,000$	≥ 184	≥ 230
$8\,000 \leqslant m \leqslant 11\,000$	≥ 200	≥ 250
$m > 11\,000$	≥ 214	≥ 270

注：表中规定的测试车速为 50km/h。

4. 整车动力性不合格的主要原因分析

1）发动机功率不足

可能的原因有：气缸压缩压力低，个别气缸工作不正常，点火正时（或喷油正时）不准，空气滤清器堵塞等。

2）底盘传动系统技术状况不良

可能的原因有：离合器打滑；制动器间隙偏小；传动轴变形弯曲，中间轴承支架松旷，传动轴不平衡；驱动轿装配不良或有故障；轮胎气压不标准，轮辋变形，轮胎花纹规格不符合要求；传动系统、行驶系统润滑不良等。

任务评价

教师评价反馈	成绩:

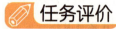

请实训指导教师检查本组任务完成情况，并针对实训过程中出现的问题提出改进措施及建议。

序号	评价标准	评价结果
1	规范完成维修作业前检查及车辆防护	
2	发动机功率的检测方法	
3	汽车底盘输出功率的检测方法	
4	记录发动机功率、底盘输出功率的检测结果	
5	底盘测功台检测	
6	记录底盘测功台检测结果	
7	正确判定检测结果是否符合要求	
综合评价	☆ ☆ ☆ ☆ ☆	
综合评语（作业问题及改进建议）		

自我评价反馈	成绩:

请根据自己在课堂中的实际表现进行自我反思和自我评价。

自我反思：____

____。

自我评价：____

____。

任务拓展

一、案例

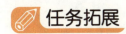

说起汽车的动力提升，是每个有车的人都要去做的一件事，现有的车辆动力输出根本无法满足所有人的需求，对于爱车一族就会想方设法地更改工作的动力，从而达到自己想要的速度，但对于汽车的动力提升有很多方法和方式，而在提升动力时不伤车，可以怎么做呢？

现有的动力提升方法和方式有以下几种：一种是通过车辆刷 ECU 的方法进行提升，汽车 ECU 就像电脑的心脏一样，能准确地控制车辆运行的各个方面，刷 ECU 的方式去提升动力，就相当于手机系统越狱一样，同样也像我们改装电脑一样，而车辆刷 ECU 后，在原有的数据状态下，会自动修改进气量、发动机喷油量等重要参数，从而激发整辆车的潜力。但这对于车辆提升动力是不可取的，首先会使发动机内部过早地磨损，同样也会使各种运转逻辑出现问题，为了提升一点动力而刷 ECU，实在是得不偿失，所以从效果上来说不建议刷 ECU。

要想提升动力且不伤车，最好的方法就是改进进气系统和车辆变速箱的配比，改装车辆的进气系统会使燃油等方面更好地喷射，当然也能满足使用的需求，不需要破坏车辆各个系统参数，对于动力来说反而会提升 2%~5%。

最为保险的就是优化车辆的轮胎和相关的底盘部件，轮胎相当于车辆的脚，改装轮胎可以提升车辆的起步速度、加速速度和降低油耗。

二、感悟

在发动机原有的基础上想提升汽车动力性，往往会牺牲汽车其他原有的性能，任何事情都是具有两面性的。在顺境中虽然人们会很有自信，但是会产生骄气，造成自负，甚至意志衰退等情况。如果人们能够利用好顺境，同时避免逆境带来的不好影响，将会得到持续的进步。

达标测试

一、填空题

1. 汽车动力性的评价指标是__________、__________和__________。

2. 在良好平直路面上行驶的汽车所受的行驶阻力是由__________、__________和__________组成的。

3. 汽车行驶时，总存在的行驶阻力有__________和__________。

4. 汽车直线行驶时，受到的空气阻力分为__________和__________两部分。

5. 汽车在平路上等速行驶时，其行驶阻力有__________、__________。

6. 汽车的加速时间表示汽车的加速能力，常用__________、__________来表示汽车的加速能力。

二、选择题

1. 当汽车由3挡换入4挡行驶时，汽车能够产生的驱动力（　　）。

A. 减少　　B. 增加　　C. 没有变化　　D. 减少或增加

2. 某轿车的空气阻力系数为（　　）。

A. 0.12　　B. 0.32　　C. 062　　D. 0.8

3. 当汽车由低挡换入高挡行驶时，汽车的后备功率（　　）。

A. 减少　　B. 增加　　C. 没有变化　　D. 减少或增加

4. 与汽车滚动阻力系数无关的因素是（　　）。

A. 轮胎结构　　B. 轮胎气压　　C. 车辆质量　　D. 车辆速度

三、问答题

1. 汽车的动力性评价指标有哪些？

2. 什么是汽车驱动力？

3. 汽车的行驶阻力有哪些？

模块三

汽车的燃油经济性

知识结构

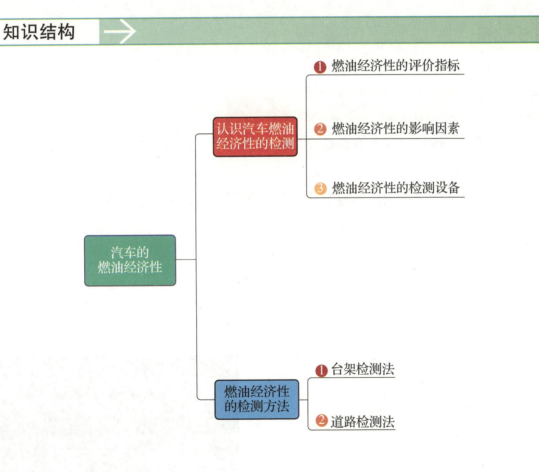

- 汽车的燃油经济性
  - 认识汽车燃油经济性的检测
    1. 燃油经济性的评价指标
    2. 燃油经济性的影响因素
    3. 燃油经济性的检测设备
  - 燃油经济性的检测方法
    1. 台架检测法
    2. 道路检测法

知识单元 认识汽车燃油经济性的检测

学习目标

知识：1. 掌握汽车燃油经济性的评价指标；
2. 熟悉汽车燃油经济性的影响因素；
3. 熟悉汽车燃油经济性检测设备。
素养：具备节约资源、爱护环境的意识。

知识储备

一、燃油经济性的评价指标

汽车的燃油经济性是指汽车在保证动力性的条件下，以最少的燃油消耗量完成单位运输工作的能力，它是汽车的主要使用性能之一。

汽车的燃油经济性通常用汽车行驶单位行驶里程的燃油消耗量、消耗单位燃油所行驶的里程数及单位运输工作量的燃油消耗量来衡量。

1. 单位行驶里程的燃油消耗量

在我国及欧洲，通常用单位行驶里程的燃油消耗量来衡量燃油经济性指标，单位为L/100km，即行驶100km所消耗的燃油升数。其数值越大，汽车的燃油经济性就越差。这种指标只考虑了行驶里程，没有考虑车型与装载量的差别，所以只能用于比较同类型汽车或同一辆汽车的燃油经济性，如图3-1所示。

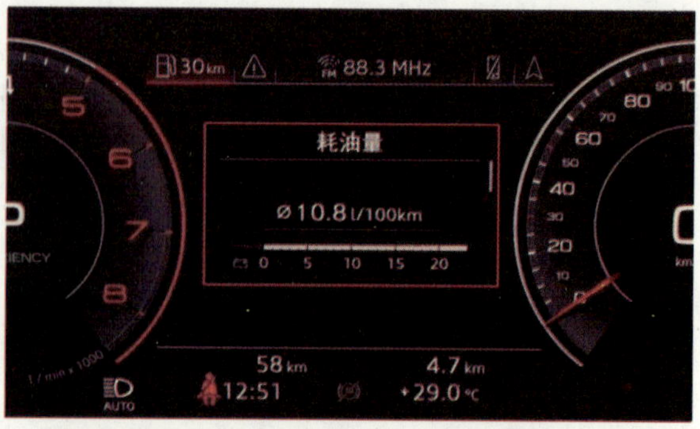

图3-1 单位行驶里程的燃油消耗量

2. 消耗单位燃油所行驶的里程数

有些国家，通常用消耗一定量的燃油所行驶的里程数来衡量燃油经济性指标，如美国使用MPG（Mile Per Gallon），指每加仑燃油能行驶的英里数。这个数值越大，汽车的燃油经济性越好。

3. 单位运输工作量的燃油消耗量

在比较不同类型、不同装载量汽车的燃油经济性时，通常采用单位运输工作量的燃油消耗量来衡量。货车通常采用的单位为 kg/（100t · km）或 L/（100t · km），客车通常采用的单位为 kg/（1 000 人 · km）或 L/（1 000 人 · km）。

二、燃油经济性的影响因素

影响汽车燃油经济性的因素有很多，主要取决于发动机的特性和汽车的自重、车速及各种运动阻力（如空气阻力、滚动阻力和坡道阻力等）的大小、传动系统的效率及减速比等。

下面主要从结构因素和使用因素两个方面进行分析。

1. 汽车结构因素的影响

1）发动机

发动机的热效率直接影响燃油的消耗率，从而影响汽车燃油的消耗量。凡是能够影响发动机热效率的因素，都会对汽车燃油经济性有重要影响，如发动机的种类。

（1）与汽油机相比，柴油机的热效率要高，在部分工况下，柴油机的燃油效率比汽油机低很多。通常柴油机的有效燃料消耗率比汽油机低 30%~40%。

（2）压缩比。发动机的压缩比越大，其热效率越高，发动机动力性越好，发动机油耗率降低。在保证不引起爆震的情况下适当提高压缩比，可以有效改善燃油经济性。

（3）改善发动机燃烧过程。改进燃油供给系统和燃烧室的形状，采用分层燃烧技术，由电喷系统精确控制燃烧过程。改善进排气系统，减小进排气阻力，选择合理的配气相位，提高充气效率都可以有效提高燃油经济性。

2）底盘系统

汽车底盘系统的传动系统对汽车的燃油经济性有重要影响。

汽车变速器挡位多，发动机会在不同的情况下选择最经济的工况，提高燃油经济性。同样的道路和车速条件下用不同的挡位行驶，虽然发动机输出功率相同，但挡位越低，后备功率越大，油耗会越高；而使用高挡位时，情况则相反。所以，一般尽可能选用高挡位行驶来节省油耗。例如，无级变速箱，增加了任何条件下使发动机处于经济工况下工作的可能性，显著提高了燃油经济性。

底盘系统中轮胎对燃油经济性也有较大影响。轮胎结构对滚动阻力影响很大，改善轮胎的结构，可以减少汽车的油耗。滚动阻力减少 10%，油耗可降 0.5%~1.2%。另外在保证安全的前提下，适当提高轮胎气压，可以降低滚动阻力。轮胎的宽度、花纹对燃油经济性都有影响。

3）汽车总质量

如果发动机功率相同，整车质量较重的汽车，发动机的工作负荷会大，所以减轻汽车整备质量，是降低油耗较有效的措施之一。汽车质量每减轻 10%，油耗可减少 2%~4%。汽车轻量化的目的主要在于提高燃油经济性。据资料介绍，铝质车身可减少质量约 15%，油耗降低 5%~8%。

4）汽车外形

汽车低速行驶时，空气阻力对汽车的燃油消耗影响不大，但当车速超过 50km/h 时，空气阻力对汽车燃油经济性的影响逐步明显。减少空气阻力主要通过减少汽车的空气阻力系数来实现，汽车制造厂通过整车的风洞试验研究使汽车外形接近最优化。研究表明，空气阻力系数每降低 10%，可使汽车燃油经济性提高 2% 左右。

2. 汽车使用因素的影响

1）汽车技术状况

随着使用时间的增长，汽车的性能也在逐步发生变化，当感觉车辆有异样时，应立即对车辆进行检查。若车辆的技术状况差、故障多，则会对汽车的行驶油耗影响很大。除汽车发动机故障外，汽车底盘部分的技术状况，如减速器、制动器、轴承、前束调整不当，轮胎气压不足等，都会导致汽车油耗大幅度增加。

2）车辆运行条件

车辆的使用状况也是影响汽车油耗的主要因素之一。如汽车在高原行驶，由于进气量下降，导致燃油燃烧不完全，汽车的油耗必然增加。汽车在道路条件很差的路面行驶，其功率消耗大，滚动阻力大，必然导致燃油消耗量的增大。

3）驾驶技术

熟练的驾驶技术是开车节油的前提，同一车型，使用条件基本相同，不同的人驾驶，汽车油耗可相差 20% 以上。

如下几种驾驶习惯就会增加油耗：见空就抢，尤其是交通不畅、等红灯、变换车道时，相邻车道刚有了点空，突然加速挤过去，过去了就不得不踩制动踏板，如此急加速与急停车是非常耗油的；低挡高速长距离行车，特别是初学者常会在低挡长距离高速行车，这会导致油耗上升；不必要的高速行驶会增加油耗，任何一款车都有经济时速，在这个速度行驶时最省油，低于这个速度或高于这个速度，油耗就会上升，而超过一定的速度后，油耗会大幅度上升。

三、燃油经济性的检测设备

1. 容积式油耗仪

容积式油耗仪的基本工作原理是通过测量发动机运行时消耗的燃油总量，将汽车行驶时间和行驶里程换算成汽车的燃油消耗量。

图 3-2 所示为行星活塞式油耗传感器的流量转换机构的工作原理。该装置由十字形配置的 4 个活塞和旋转曲轴构成，原理是将一定容积的燃油流量转变为曲轴的旋转。

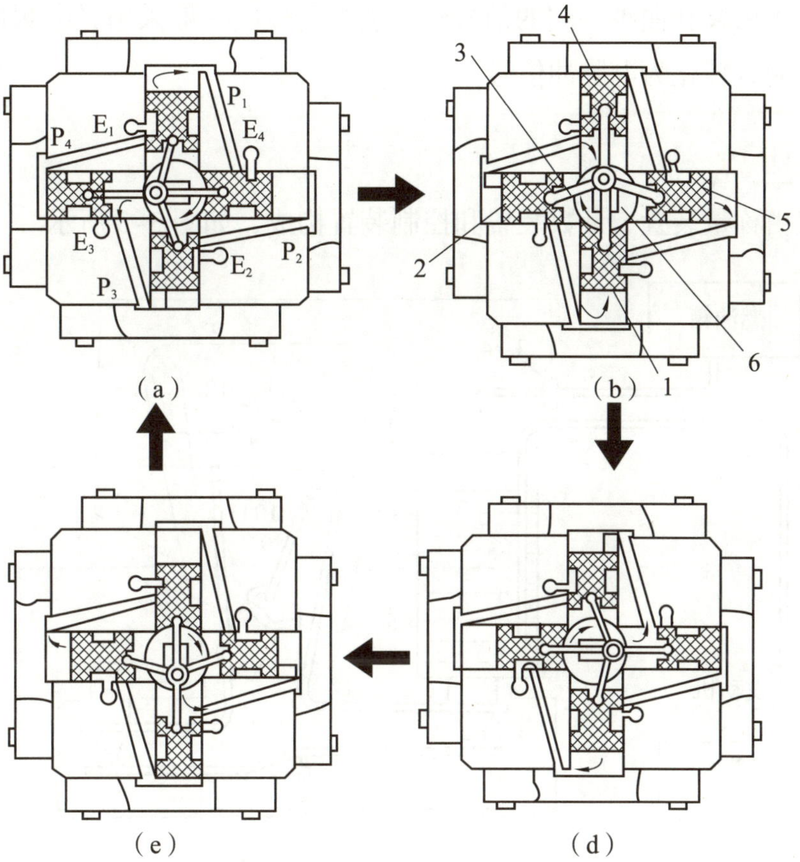

图 3-2　行星活塞式油耗传感器的流量转换机构的工作原理

1，2，4，5—活塞；3—连杆；6—曲轴；P_1，P_2，P_3，P_4—油道；E_1，E_2，E_3—排油口

燃油推动活塞往复运动，活塞往复运动一次完成一个进排油循环，此时曲轴旋转一周。

进油行程：图 3-2（a）活塞 1 向下运动，来自曲轴箱的燃油进入活塞 1 的空腔，推动活塞上行，处于进油行程。

排油行程：活塞 3 在曲轴的推动下，将活塞 3 腔内的燃油排出活塞 3 腔，处于排油行程。

信号转换过程：一般采用光电测量装置（流量传感器）将曲轴旋转圈数转化为电脉冲信号。

如此循环往复，曲轴每旋转一圈，各缸分别泵油一次，从而具有连续定容量泵油的作用。

曲轴旋转一周的泵油量为

$$V = 4 \cdot \frac{\pi d^2}{4} \cdot 2h = 2h\pi d^2$$

式中 V——四缸排油量，cm^3；

h——曲轴偏心距，cm；

d——活塞直径，cm。

由此可见，经上述流量转换机构的转换后，测量燃油消耗量转化为测定流量转换机构曲轴的旋转圈数。这可由装在曲轴一端的信号转换装置完成。一般采用光电测量装置进行信号转换，把曲轴旋转圈数转化为电脉冲信号。

2. 质量式油耗仪

质量式油耗仪由称量装置、计数装置和控制装置构成，如图 3-3 所示。

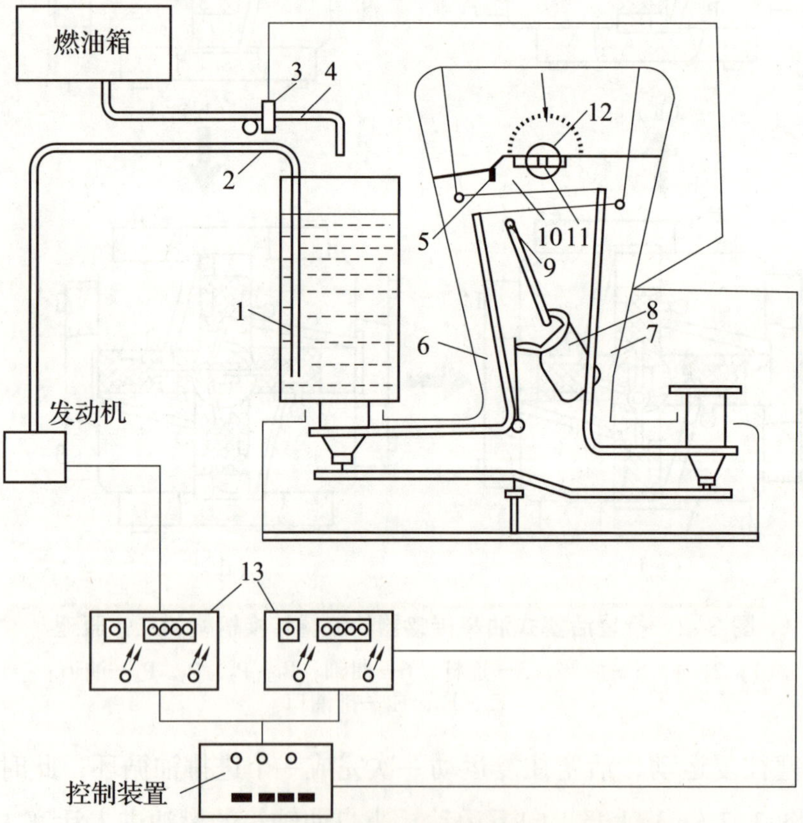

图 3-3　质量式油耗仪

1—油杯；2—出油管；3—电磁阀；4—加油管；5，10—光电二极管；6，7—限位开关；8—限位器；9—光源；11—鼓轮机构；12—鼓轮；13—计数器

质量式油耗仪测量消耗一定质量的燃油所用的时间，燃油消耗量可按下式计算：

$$G=3.6\frac{m}{t}$$

式中　m——燃油质量，g；

t——测量时间，s；

G——燃油消耗量，kg/h。

如图 3-3 所示，称量装置的秤盘上装有油杯 1，燃油经电磁阀 3 加入油杯。电磁阀的开闭由装在平衡块上的行程限位器 8 拨动两个微型限位开关 6、7 进行控制。光电传感器由两个光电二极管 5、10 和装在棱形指针上的光源 9 组成，用于给出油耗始点和终点信号。光电二极管 5 为固定式，光电二极管 10 装在活动滑块上，滑块通过齿轮齿条机构移动，齿轮轴与鼓轮 12 相连，计量燃油量通过转动鼓轮 12 从刻度盘上读出。计量开始时，光源 9 的光射在光电二极管 5 上，发光二极管发出信号，使计数器 13 开始计数，随着油杯中燃油的消耗，计数器指针移动。当光照射到光电二极管 10 上时，光电二极管发出信号，使计数器停止计数，表示油杯中燃油耗尽。记录仪上两个带数字显示的半导体计数器，一个用于计算发动机曲轴转速，另一个用于计算记录时间。

任务　燃油经济性的检测方法

学习目标

知识：1. 掌握燃油经济性检测设备的使用方法；

2. 熟悉汽车燃油经济性的各种检测方法。

技能：1. 学会使用燃油经济性检测设备；

2. 学会台架试验法和道路试验法检测汽车燃油经济性。

素养：具备安全、规范操作的素养。

任务分析

汽车燃油经济性的检测有两种方法，一种是室内台架试验检测法，另一种是道路试验检测法。一般汽车检测站和修理厂因受到场地条件限制，无法用道路试验方法检测汽车的燃油经济性，因此常在室内底盘测功机上，参照有关规定，模拟道路试验方法检测汽车的燃油经济性。

任务准备

准备项目	准备内容
防护用品准备	车辆保护套、车内五件套、工作服、护目镜等
场地准备	台架试验场地
工具、设备、材料准备	实训车、底盘测功机、油耗仪、汽车维修通用工具

任务实施

一、台架检测法

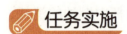

汽车燃油经济性的台架试验是由底盘测功机和油耗仪配合使用完成的。底盘测功机用来提供活动路面并模拟汽车在道路上行驶时的各种阻力，油耗仪用来测量燃油消耗量。因此，燃油经济性测量结果的准确性，除与油耗仪的测量精度有关外，还取决于底盘测功机对汽车行驶阻力的模拟是否准确。

操作步骤：

1. 安装油耗传感器

将油耗传感器串接在燃油系统供油管路上。柴油机应串接在柴油滤清器与喷油泵之间，从高压回油管和低压回油管流回的燃油应接在油耗传感器与喷油泵之间，以免重复计量，如图 3-4 所示；电控燃油喷射发动机应串接在燃油滤清器与燃油分配管之间，从燃油压力调节器经回油管流回燃油箱的燃油应改接在油耗传感器与燃油分配管之间，避免重复计量，如图 3-5 所示。串接好的传感器应放置平稳或吊挂牢固。

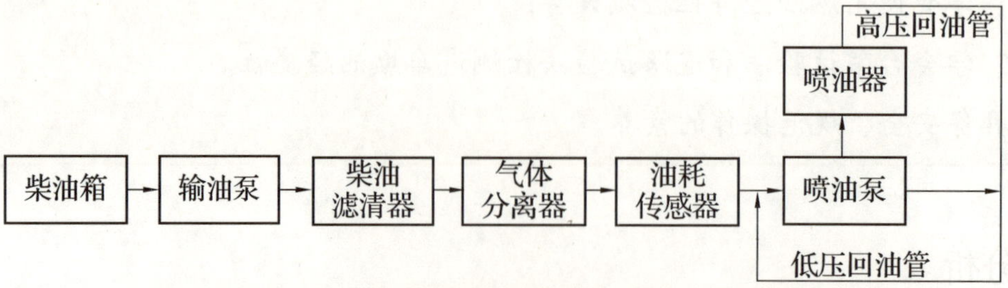

图 3-4　油耗传感器和气体分离器在柴油机上的安装位置

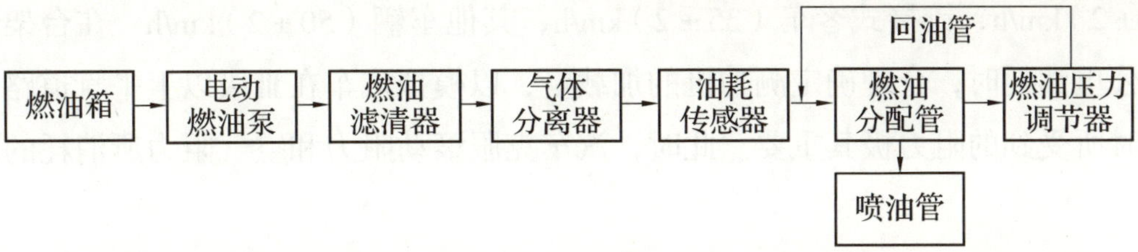

图 3–5　油耗传感器和气体分离器在电控燃油喷射发动机上的安装位置

注意事项：

（1）传感器的进出油管最好为透明塑料管，以便观察燃油中有无气体。

（2）供油管路中有气体会导致测量误差。当发现管路不断产生气泡时，应仔细检查并消除不密封部位。

（3）汽油蒸气会形成气阻，因此油耗传感器和供油管路等应远离热源。

2. 排除油路中的气泡

1）汽油车油路中气泡的排除

将传感器置于较低的位置，卸开化油器油管接头，用手动油泵连续泵油，直至泵出的油不含气泡。若传感器壳体上设有放气螺钉，可以松开螺钉，由此排出传感器体内的空气。

2）柴油车油路中气泡的排除

装好油耗传感器后，松开高压油泵的放气螺钉，连续压动手油泵，直至泵出的油中不含气泡时按住手泵柄不动，拧紧放气螺钉再旋紧手泵柄即可。

注意事项：

（1）为了保证燃油测量结果的准确性，传感器接入供油管路后，必须注意检查并排除管路中进入的空气；否则，传感器会把气泡所占容积当成所消耗燃油的容积计入燃油消耗量，从而使检测结果失准。

（2）柴油车与汽油车的区别：一是汽油车可以在发动机起动后排除空气泡，而柴油车必须在发动机起动前排除空气泡；二是汽油车在拆去油耗仪传感器恢复原油路时，无须排除空气泡，而柴油车在拆去传感器恢复原油路后仍要排除油路中刚产生的空气泡。

3. 确定和试验模拟加载量

在底盘测功机上进行油耗试验，要想取得与道路上一致的试验结果，关键是把汽车在道路上的滚动和空气等阻力，能在测功机上尽可能地模拟出来。

1）确定等速百公里油耗测试模拟加载量

国家交通行业标准《汽车技术等级评定的检测办法》中规定，用底盘测功机检测等速百公里油耗时的测试条件有：汽车为正常热状态；变速器挂直接挡或最高挡；加载至限定的负荷并使汽车稳定在试验车速上。《汽车燃料消耗量试验方法》规定，限定条件下试验车速为：

轿车（60 ± 2）km/h，铰接式客车（35 ± 2）km/h，其他车辆（50 ± 2）km/h。在台架试验汽车的等速百公里油耗时，合理确定测功机的加载量，以模拟汽车在Ⅲ级以上平直道路上以规定车速行驶时所受到的阻力极其重要。此时，汽车克服滚动阻力和空气阻力所消耗的驱动轮功率为

$$P_K = \left(G \cdot f + \frac{1}{21.15} C_D \cdot A \cdot v^2 \right) \cdot v/3\ 600$$

式中 P_K——驱动轮输出功率，kW；

G——汽车总重，N；

f——滚动阻力系数；

C_D——空气阻力系数；

A——迎风面积，m^2；

v——试验车速，km/h。

式中，C_D、f、A 可参考表 3–1 用公式求出试验车速下驱动轮功率，并且应考虑到测功机传动机构的摩擦损失功率及驱动轮与滚筒间的摩擦损失功率的存在，此两项损失功率应从上式计算值中减掉后，才是真正应该在测功机功率吸收单元中模拟的加载量，即

$$P_{PAU} = P_K - P_{PL} - P_C$$

式中 P_{PAU}——模拟功率；

P_{PL}——传动机构的摩擦损失功率；

P_C——轮胎与滚筒间的摩擦损失功率。

表 3–1 车辆参数

车辆类型	C_D	f	A
轿车	0.35~0.55	$f = 0.007\ 6 + 0.000\ 056v$	$A = 1.05BH$（B 为轮距，H 为车高）
货车	0.40~0.60		
客车	0.58~0.80		

2）检测方法

确定模拟加载量后，把汽车驱动轮驶入底盘测功机滚筒装置，把油耗传感器接入汽车的燃油管路；设定好试验车速，起动并预热好发动机，变速器挂直接挡，逐渐踩下加速踏板，使测功机指示的功率等于计算值并使之稳定，此时按下油耗测量按钮，当驱动轮在滚筒上驶过不少于 500m 的距离时，即可从显示装置上读取汽车的等速百公里油耗值。为消除偶然因素的影响，应重复试验三次，取其平均值作为被测汽车在给定测试条件下的百公里油耗量。

3）等速百公里油耗特性曲线图的绘制

《汽车燃料消耗量试验方法》规定，在不同车速下进行汽车的等速百公里油耗检测后，应绘制出汽车的等速百公里油耗特性曲线。试验时，汽车使用常用挡位，试验车速从 20km/h 开始，最小稳定车速高于 20km/h 时，从 30km/h 开始，以车速 10km/h 的整倍数均匀选取试验车速，直到最高车速的 90%，至少测定 5 个试验车速。测出 500m 内的耗油量，单位为毫升（mL）时，可用下式折算成百公里耗油量：

$$Q=\frac{q}{5}$$

式中　Q——百公里耗油量，L/100km；

q——500m 的耗油量，mL。

显然，在不同的试验车速下，底盘测功机所对应的加载功率是不同的。在不同试验车速和所对应加载功率条件下，每个试验车速测试三次，取其测试值的平均值，经上式折算后作为被测汽车在给定试验车速时的百公里油耗量。当每个规定车速下的百公里油耗量都测出后，便可在以速度为横轴、百公里油耗量为纵轴的平面直角坐标系中绘出该车的百里油耗特性曲线图。

4）试验环境条件

试验环境条件：环境温度为 0~40℃，环境相对湿度小于 85%，大气压力为 80~110kPa。

注意事项：

（1）为使汽车燃油经济性检测结果准确可靠，应注意以下各点：

①发动机冷却液温度应在 80~90℃，温度过高时应用冷却风扇降温；轮胎气压应符合规定，误差不超过 ±0.01MPa，且左右轮胎的花纹一致；被测车底盘温度应随室温变化严格控制，室温低于 10℃时，底盘温度应控制在 25℃以上。

②试验仪器的精度应满足要求：车速测定仪器和燃料流量计的精度为 0.5%，计时器的最小读数为 0.1s。

③正确连接油耗传感器，并注意排除油路中的空气泡。

（2）为保证台架试验汽车燃油经济性时的安全，应注意以下各点：

①被测车辆旁必须配备性能良好的灭火器。

②油耗仪传感器所用油管应透明、耐油、耐压，油管接头用合格的环形夹箍，不得用铁丝缠绕，并确保无渗漏。

③拆卸油管时，必须用沙盘接油，不允许用棉纱或其他易燃物接油，不允许将燃油流到发动机排气管上。

④测试时，发动机盖应打开，以便观察有无渗漏现象。测试完毕，安装好原管路后起动发动机，在确保无任何渗漏时方可盖上发动机盖。

二、道路检测法

汽车燃油消耗量的道路检测法包括不控制的道路试验、控制的道路试验和循环道路试验三种。

不控制的道路试验是指对试验行驶道路、交通情况、驾驶习惯和周围环境等各方面因素都无规定，不加任何控制的道路试验方法。这种试验方法中，各种因素随机变化大，试验数据分散度大，试验用车数量大，需要试验的行程长。因为试验费用极高，时间很长，所以这种方法是一种很少采用的试验办法。

控制的道路试验是指试验中对各种因素中的一个或几个有具体的要求，也就是说只有试验条件符合要求时，测试的数据才有效。

循环道路试验是指汽车完全按规定的车速 - 时间规范进行试验。何时换挡、何时制动以及行车速度、加速度、减速度等都在规范中加以规定。这种试验方法也常称为“多工况试验”。

以下主要介绍控制的道路试验，即直接挡全节气门加速燃油消耗量、等速燃油消耗量、多工况燃油消耗量试验及限定条件的平均使用燃油消耗量试验。

1. 基本试验条件

1）试验规范

试验前，应对试验的车辆进行磨合；试验时，试验车辆必须进行预热行驶，使发动机、传动系统及其他部分预热到规定的温度状态。轮胎充气压力应符合该车技术条件的规定，误差不超过 ±10kPa。装载物应均匀分布且固定牢靠，试验过程中不得晃动和颠离；不应因潮湿、散失等条件变化而改变其质量，以保证装载质量的大小、分布不变。

做各项燃油消耗量试验时，汽车发动机不得调整。试验道路应为清洁、干燥、平坦、用沥青或混凝土铺成的直线道路，道路长 2~3km，宽不小于 8m，纵向坡度在 0.1% 以内。

试验应在无雾无雨、相对湿度小于 95%、气温 0~40℃、风速不大于 3m/s 的天气条件下进行。

2）试验车辆载荷

除有特殊规定外，轿车为规定载荷的 50%；城市客车的载荷为总质量的 65%；其他车辆为满载，乘员质量及其装载要求按《汽车道路试验方法通则》规定。

3）试验仪器要求

车速测定仪和汽车燃油消耗仪的精度为 0.5%，计时器的最小读数为 0.1s。

4）试验的一般规定

试验车辆必须清洁，关闭车窗和驾驶室通风口，只允许开动为驱动车辆所必需的设备；

由恒温器控制的空气流必须处于正常调整状态。

2. 试验项目及规程

1）直接挡全节气门加速燃油消耗量试验

试验测试路段长度为500m，试验时，汽车挂直接挡（没有直接挡可用最高挡），以30km/h±1km/h的初速度，稳定通过50m的预备段，在测试路段的起点开始，节气门全开，加速通过测试路段，测量并记录通过测试段的加速时间、燃油消耗量及汽车在测试路段终点时的速度。试验往返各进行两次，测得同方向加速时间的相对误差不大于5%。取测得4次加速时间试验结果的算术平均值作为测定值，且要符合该车技术条件的规定。

经本项试验后，做其他燃油消耗量试验时，汽车发动机不得调整。

2）等速燃油消耗量试验

试验测试路段长度为500m，汽车用常用挡位，等速行驶，通过500m的测试路段，测量通过该路段的时间及燃油消耗量。

试验车速从20km/h开始（最小稳定车速高于20km/h时，从30km/h开始），以每隔10km/h均匀选取车速，直至最高车速的90%，至少测定5个试验车速，同一车速往返各进行两次。

3）多工况燃油消耗量试验

汽车运行工况可分为匀速、加速、减速和怠速等几种，实际运行时，往往是上述几种工况的组合，并以此决定了汽车的油耗。所以，各国根据不同车型车辆的常用工况，制定了不同的试验循环，既使试验结果比较接近于实际情况，又可缩短试验周期。

多工况燃油消耗量试验的方法就是将不同车型的车辆严格依据各自的试验循环进行燃油消耗量测定。怠速工况时，离合器应接合，变速器置于空挡，从怠速运转工况转换为加速工况时，在转换前5s分离离合器，把变速器挡位换为低速挡，换挡应迅速、平稳。减速工况中，应完全放松加速踏板，离合器仍然接合，当车速降至10km/h时，分离离合器，必要时，减速工况中允许使用车辆的制动器。

汽车在进行多工况试验时，加速、匀速、减速或使用制动器减速时，在每个试验工况除单独规定外，车速偏差为±2km/h。在工况改变过程中允许车速的偏差大于规定值，但在任何条件下超过车速偏差的时间不大于1s，即时间偏差为±1s。

每循环试验后，应记录通过循环试验的燃油消耗量和通过的时间。当按各试验循环完成一次试验后，车辆应迅速调头，重复试验，试验往返各进行两次，取两次试验结果的算术平均值作为多工况燃油消耗量试验的测定值。轿车的试验循环按图3-6所示的规定进行。

对于总质量小于3 500kg的载货汽车（不包括微型载货汽车），按轿车规定的试验循环（见图3-6）进行。

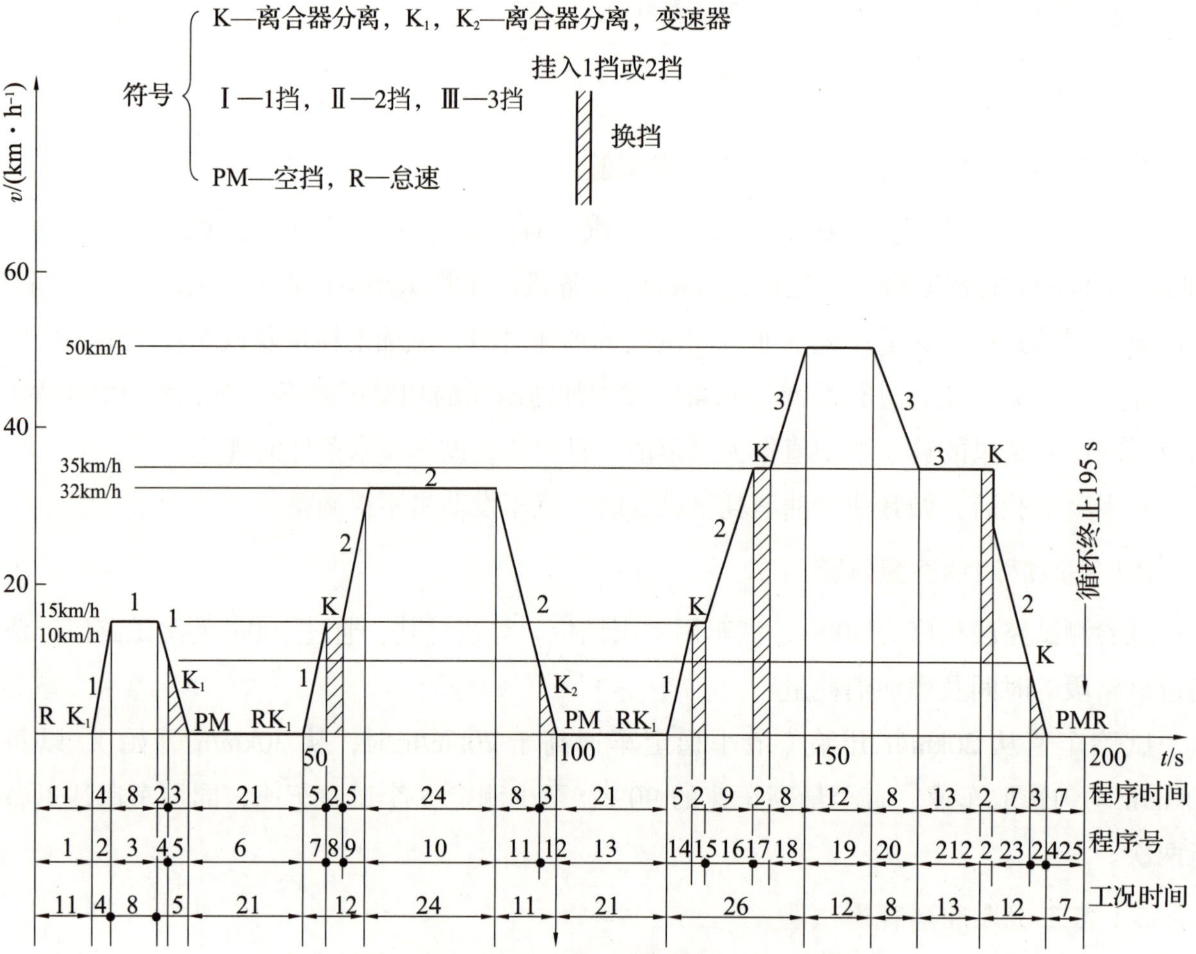

图 3-6　轿车试验循环

微型汽车的试验载荷为空载加两名乘员（包括驾驶员），其他要求同基本试验要求。试验循环按图 3-7 的规定进行。

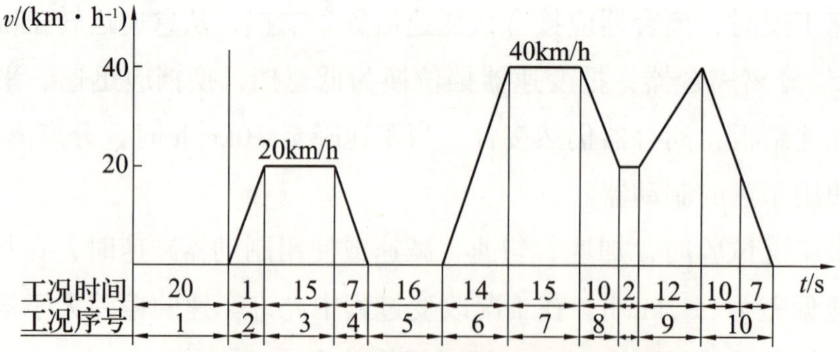

图 3-7　微型汽车试验循环

对于总质量在 3 500~14 000kg 的载货汽车，按图 3-8 规定的试验循环进行。

总质量大于 14 000kg 的载货汽车，按图 3-9 规定的试验循环进行。

城市客车（包括城市铰接式客车），按图 3-10 规定的试验循环进行。其他客车按图 3-7 规定的试验循环进行。

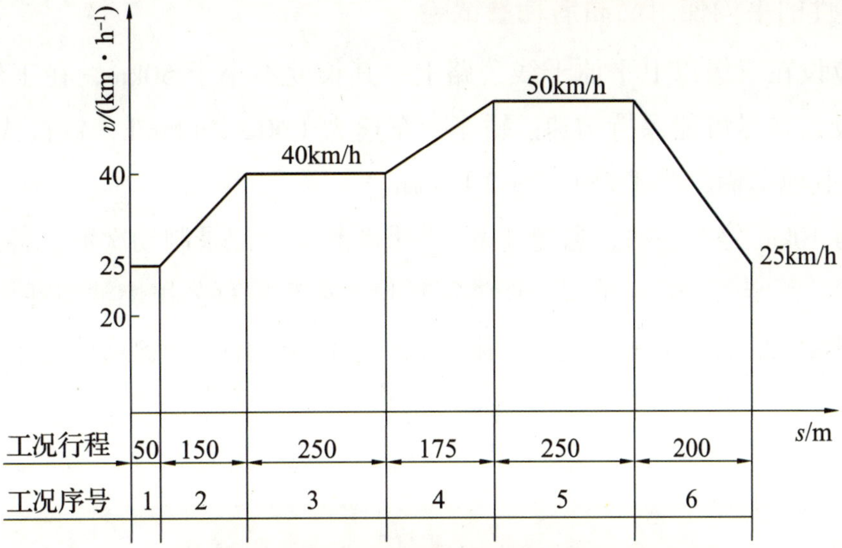

图 3-8　轻型货车试验循环

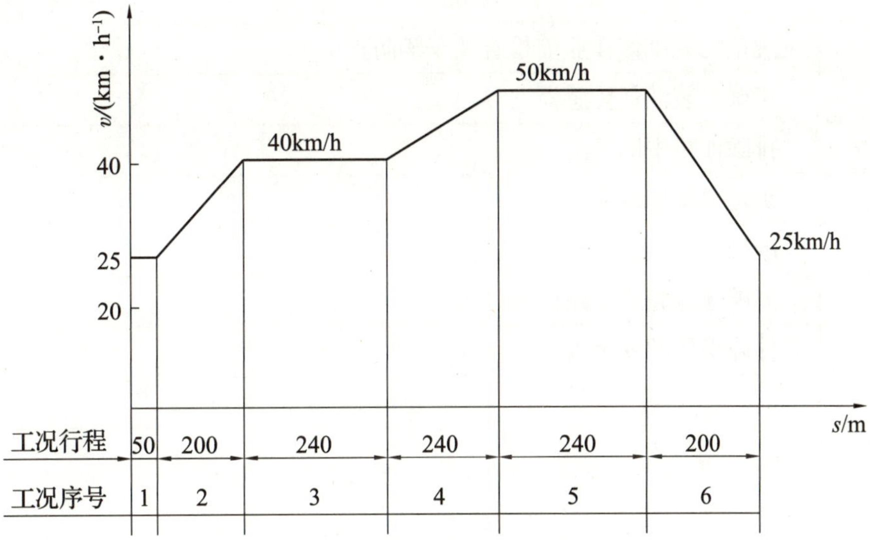

图 3-9　中型货车试验循环

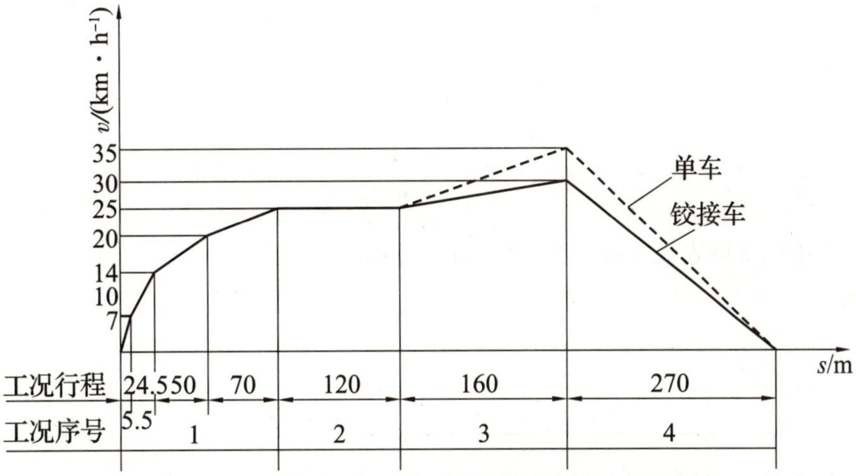

图 3-10　城市客车试验循环

4）限定条件的平均使用燃油消耗量试验

测试路段应设在三级以上平原干线公路上，其长度不小于 50km，在正常交通情况下，以下列车速行驶，并尽可能保持匀速：轿车，车速为（60 ± 2）km/h；铰接式客车，车速为（35 ± 2）km/h；其他车辆，车速为（50 ± 2）km/h。

客车应每隔 10km 停车一次，怠速 1min 后重新起步，记录制动次数、各挡位使用次数、使用时间和行程。测定每 50km 单程的燃油消耗量，换算成百公里燃油消耗量，往返各试验一次，以两次测量结果的算术平均值作为限定条件下的平均使用燃油消耗量的测定值。

任务评价

教师评价反馈	成绩：

请实训指导教师检查本组任务完成情况，并针对实训过程中出现的问题提出改进措施及建议。

序号	评价标准	评价结果
1	规范完成维修作业前检查及车辆防护	
2	正确安装油耗传感器	
3	排除油路中的气泡	
4	确定模拟加载量	
5	准确记录数据	
6	能够规范完成道路试验	
7	保障操作的安全性	
综合评价	☆ ☆ ☆ ☆ ☆	
综合评语（作业问题及改进建议）		

自我评价反馈	成绩：

请根据自己在课堂中的实际表现进行自我反思和自我评价。

自我反思：____

____。

自我评价：____

____。

任务拓展

一、案例

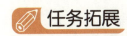

现如今随着汽车油价节节攀升，加之我国在2030年实现“碳达峰”，2060年实现“碳中和”的宏伟目标，众多汽车企业在研发新车时，愈加重视汽车的燃油经济性。2022年4月20日，长安汽车在重庆举办了“人机对决——第二代CS75PLUS超节油挑战赛”，展示了第二代CS75PLUS“强动力与低油耗”两者兼得的不俗实力，进一步彰显了中国自主品牌造车的硬核实力。

此次第二代CS75PLUS超节油挑战赛采用“人机油耗实时PK”的创新形式，通过“室内滚轴测试场”自动驾驶机器人与“室外路测实测场”选手在相同路况环境下驾驶第二代CS75PLUS的实时对比，全面考验第二代CS75PLUS的油耗表现，如图3-11所示。

图3-11　人VS机

为了实现对室外会场路况的1∶1精准还原，比赛中长安汽车将专门模拟实际道路环境的“车辆跑步机”——底盘测功机搬进室内滚轴测试场。这台底盘测功机不仅能模拟实际道路状况，如速度、扭矩或路载控制模式，还能通过自带的电机与风洞配合，为车辆提供实际道路应有的风阻，使两大会场的第二代CS75PLUS在比赛时都处于相同路况环境中，确保这场“人机对决”的结果公正性。

为了客观、真实地反映第二代CS75PLUS的油耗表现，长安汽车更邀请权威媒体、用户担当路况实测挑战组的选手，同时选定了“重庆市区－綦江古剑山－重庆市区”挑战路线。这段全程170公里的挑战路线覆盖了城市、高速、山区等用户日常驾驶中的常见路况，可更深度展示第二代CS75PLUS的性能实力。

而在比赛中，无论是在城市赛段的拥堵路况，还是在高速公路上的疾驰车流，抑或是面对山路的连续弯道，第二代CS75PLUS凭借蓝鲸新一代NE1.5T发动机最大额定功率138kW、最大扭矩300N·m的性能输出，以及爱信新一代8速手自一体变速器带来的精准操控，始终都能以兼顾稳健的姿态驰骋前行。

随着路况实测小组抵达终点，挑战赛也揭晓了最终成绩。在全网直播镜头的见证下，“室内滚轴测试场”由机器人选手驾驶的第二代CS75PLUS交出百公里油耗低至7.0L的成绩。来自路况实测组的 09 号车则以百公里最低油耗 6.8L 的惊艳成绩，一举夺得此次“人机对决——第二代 CS75PLUS 超节油挑战赛”的冠军，如图 3-12 所示。

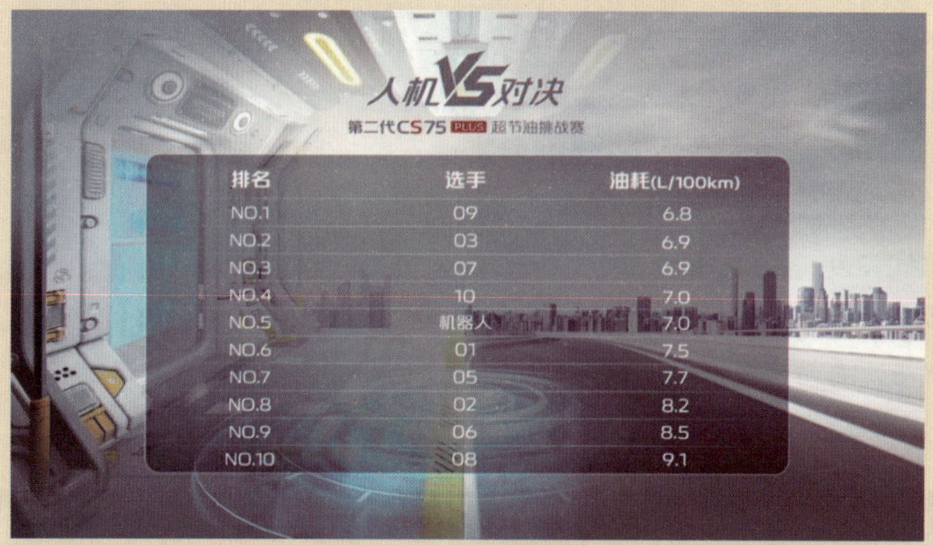

图 3-12　油耗排名

冠军成绩的背后，是长安汽车领先技术与研发验证体系对产品的深度赋能。以第二代 CS75PLUS 搭载的蓝鲸新一代 NE1.5T 发动机为例，长安汽车应用了豪华级合资车型发动机才有的“双出口集成排气歧管 + 双涡管电控涡轮增压”技术方案，以及舍弗勒智能凸轮调相系统、外置式高效水冷中冷系统、AGILE 敏捷燃烧系统等一系列领先技术，大幅提升发动机运行效率，最终实现了“劲、净、静”的研发目标。

二、感悟

（1）了解我国为应对全球气候变化做出的“双碳”承诺及付出的实际行动，体现了大国的责任担当，个人在生活、工作过程中应注意节约资源、保护环境。

（2）关注我国自主汽车品牌的进步，支持我国自主汽车品牌的发展，坚定壮大民族汽车工业的信心，努力实现汽车科技自立自强，勤学苦练，掌握汽车产业关键核心技术。

达标测试

一、填空题

1. 汽车燃油经济性通常用__________、__________或__________来衡量。

2. 汽车燃油经济性的检测有两种方法，一是__________检测法，二是__________检测法。

3. 汽车的燃油经济性主要取决于__________和汽车的__________、__________及各种__________的大小、传动系统的__________及__________等。

二、选择题

1. 燃油经济性好的汽车在规定行驶里程中（　　）。

A. 耗油量多　　B. 耗油量少　　C. 不耗油　　D. 烧好油

2. 我国一般按行驶里程评价汽车燃油经济性，评价指标的单位是（　　）。

A. L/100km　　B. N/100km　　C. kg/（100t · km）　　D. kg/100km

3. 非使用因素的节油措施是以下选项中的（　　）。

A. 燃烧稀薄混合气　　B. 以中速行驶

C. 安全滑行　　D. 减少制动

4. 以下影响汽车经济性的因素中，不属于结构因素的是（　　）。

A. 采用电子控制燃油　　B. 采用流线外形

C. 多设变速挡位　　D. 适时换挡

5. 台架检测法要求重复试验取其（　　）平均值作为汽车油耗量的检测结果。

A. 2 次　　B. 3 次　　C. 4 次　　D. 5 次

三、问答题

1. 我国是以何种指标评价汽车经济性能的？

2. 汽车使用中有哪些节约燃油的途径？

3. 常用汽车燃油经济性的检测方法有哪些？

模块四

汽车的制动性

知识结构

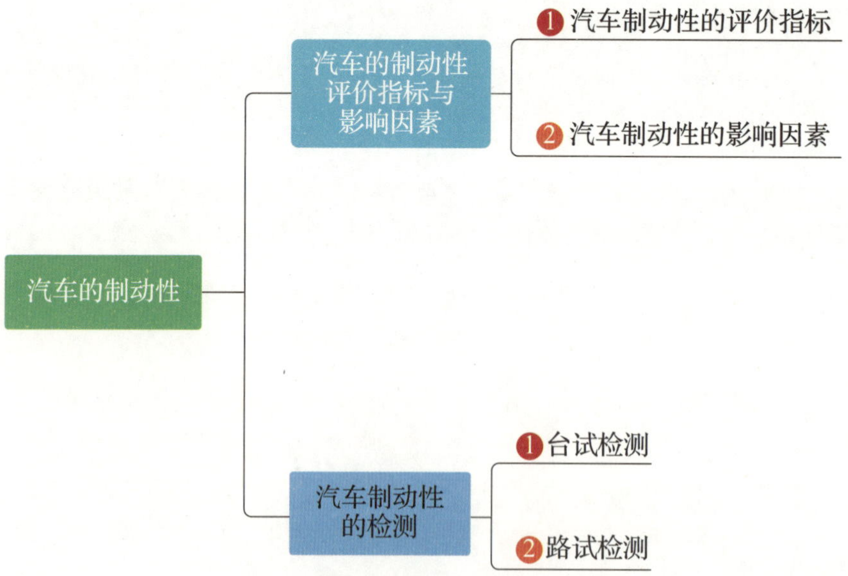

知识单元　汽车的制动性评价指标与影响因素

学习目标

知识：1. 掌握汽车制动性的评价指标；

2. 了解汽车制动性的影响因素；

3. 熟悉汽车制动性的检测方法。

素养：1. 具备自主学习、独立解决问题的能力；

2. 具备安全生产意识。

知识储备

一、汽车制动性的评价指标

汽车行驶时，能在短距离内迅速停车且维持行驶方向稳定性和在下长坡时能维持一定安全车速，以及在坡道上长时间保持停驻的能力，称为汽车的制动性。汽车的制动性直接关系着汽车的行车安全。只有在保证行车安全的前提下，才能充分发挥汽车的其他使用性能，诸如提高汽车车速、汽车的机动性能等。汽车的制动性主要从制动效能、制动抗热衰退性和制动稳定性三个方面来评价。

1. 制动效能的评价指标

车辆的制动效能是指车辆在行驶中能强制地减速以致停车，或下长坡时维持一定速度的能力。评价制动效能的指标有制动距离、制动减速度、制动力和制动时间。

为了更好地理解制动效能的评价指标，需对车辆的制动过程进行分析。图 4–1 所示是根据实测的汽车制动过程中制动减速度随时间的变化曲线而绘制的理想的制动减速度 j_a 随制动时间变化的曲线。

当驾驶员接收到需进行紧急制动的信号时（即图 4–1 中的 a 点），并没有立即采取行动，而要经过 t'_0 秒后才意识到应进行紧急制动，从 b 点移动右脚，经过 t''_0 秒后到 c 点，开始踩制动踏板。从 a 点到 c 点的时间称为驾驶员的反应时间。

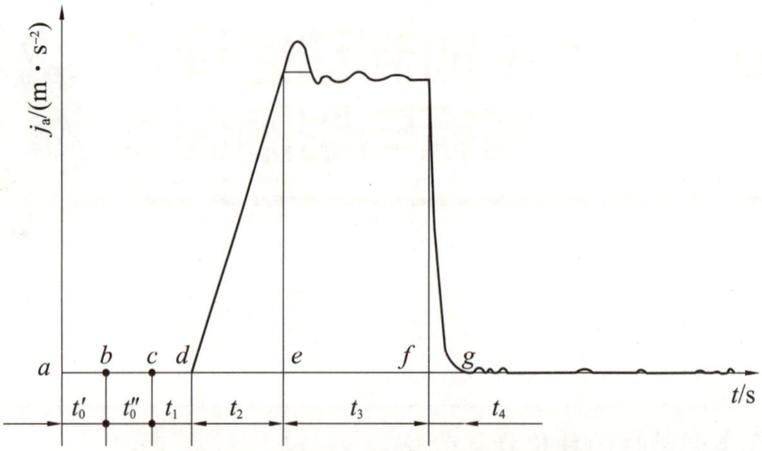

图 4–1　制动减速度随时间变化的曲线

到 c 点后，驾驶员踩下制动踏板，踏板力迅速增加以致达到最大值。但由于制动踏板有一定的自由行程，而且要克服蹄片复位弹簧的拉力，所以要经过 t_1 s 后到达 d 点，这时制动器才开始产生制动作用，使汽车开始减速。这段时间称为制动系统的反应时间。

由 d 点到 e 点是制动器的制动力增长过程，车辆从开始产生减速度到最大稳定减速度所需要的时间 t_2 一般称为制动减速度（或制动力）上升时间。

从 e 点到 f 点为持续制动时间 t_3，期间制动减速度基本不变。

到 f 点时，制动减速度开始消减，但制动解除还需要一段时间 t_4，这段时间称为制动释放时间。

综上所述，制动的全过程包括驾驶员发现信号后做出行动的反应、制动器开始起作用持续制动和制动释放几个阶段。而驾驶员的反应时间只与驾驶员自身有关，与车辆无关，在检验车辆时，可暂不考虑。驾驶员松开制动踏板后，制动释放时间对下次起步行车会带来影响，而对本次制动过程没有影响。所以，在研究制动性能时，着重研究从驾驶员踏着制动踏板开始到车辆停住这段时间（$t_1 + t_2 + t_3$）内车辆的制动过程。

不过，制动释放时间 t_0 对正常高速运行的汽车在“点刹”时带来的影响不可忽视，特别是同一轴上左右车轮的制动释放时间不一致，会造成高速运行的汽车在“点刹”时出现“跑偏”现象，影响汽车的安全运行。

1）制动距离

制动距离是反映车辆制动效能比较简单而又直观的指标。

制动距离是指车辆在一定的速度下制动，从脚接触制动踏板（或手触动制动手柄）时起到车辆停住时止，车辆所驶过的距离。它包括制动系统反应时间、制动减速度上升时间和以最大稳定减速度持续制动的时间内经过的全过程车辆行驶的距离。

车辆制动系统调整的好坏、制动系统反应时间的长短、制动力上升的快慢及制动力使车辆产生减速度的大小等，均包含在制动距离指标中。它作为综合的制动性能指标，被大多数国家评价制动性能所采用。

制动距离是评价汽车制动性能最直观的指标。从行车安全的角度来看，在行车中，当遇到某些需要减速或需要采取紧急制动措施的情况时，汽车能在较短的距离内停下来，可以认为该车的制动性能良好。

用制动距离检验车辆的制动性能具有一定的准确性。当用仪器测取车辆的制动距离时，对同一辆车在相同的车速和踏板气压（或踏板力）下，在同一路段试验多次，其测得的结果相同或很接近，试验的重复性较好，说明用制动距离来评价该车辆的制动性能可达到一定的准确度。

制动距离是一个反映整车制动性能的指标，它不能反映出各个车轮的制动状况及制动力的分配情况。当制动距离较长时，也反映不出车辆的具体故障。

2）制动减速度

对于某一具体车辆而言，制动减速度与地面制动力是等效的，因此也常用制动减速度作为评价制动效能的指标。

制动减速度与地面制动力 F 及车辆总重力 G 有关，用下式表示：

$$j = \frac{g}{\delta G} F$$

式中　G——汽车总重力；

g——重力加速度；

δ——汽车回转质量转换系数。

制动减速度按测试、取值和计算方法的不同，可分为制动稳定减速度和充分发出的平均减速度。

3）制动力

车辆在行驶中，能强制地减速以致停车，最本质的因素是制动器所产生的摩擦阻力，这就是制动力。因此，制动力这个参数是从本质上评价制动性能的指标。

当车轮同时制动到全滑移状态时，制动力 P_T 与制动减速度的关系如下式所示：

$$P_T = mj_a = G_a \cdot j_a / g$$

从式中可以看出，制动减速度是随制动力的增加而增大的。

用制动力这一指标来评价车辆的制动性能，不仅可以规定整车制动力的大小，而且还可对前后轴制动力的合理分配及每轴两轮平衡制动力差提出要求，从而保证车辆各轮制动效能良好，并且可使各轮的附着重力得到合理的发挥。

为了较全面地检验车辆的制动性能，用制动力作为评价指标时，在规定了制动力的大小、制动力的合理分配及平衡制动力差的同时，还要规定制动协调时间。

用制动检验台检测制动力来评价车辆的制动性能，主要反映制动系统对整车制动性能的影响，而反映不出制动系统以外的因素（如悬架钢板弹簧的刚度不同等）对整车制动性能的影响。

4）制动时间

从图 4–1 可以看出，用测量制动系统反应时间 t_1、制动减速度上升时间 t_2、在最大减速度下持续制动时间 t_3、制动释放时间 t_4，也可以评价车辆制动性能的好坏，其中主要是持续制动时间 t_3，但制动系统反应时间 t_1 和制动减速度上升时间 t_2，也就是制动协调时间（$t_1 + t_2$）对制动距离的影响也是不可忽视的。制动系统反应时间的长短，可反映出制动系统调整的状况，特别是制动踏板自由行程调整是否合适。制动力（或制动减速度）上升时间 t_2 的长短，可以反映出制动力（或制动减速度）上升的快慢，从而间接地反映出制动性能的优劣。制动释放时间 t_4，可以反映出从松开制动踏板到制动完全消除所需要的时间，从而看出制动释放是否满足使用要求。

制动时间是一个间接评价制动性能的指标，一般很少将它作为一个单独的参数来评价车辆的制动性能，但是它作为一个辅助的评价指标，有时还是不可缺少的。

2. 制动抗热衰退性的评价指标

汽车制动抗热衰退性是指汽车高速制动、短时间重复制动或下坡连续制动时制动效能的热稳定性。制动过程实际上就是制动器产生摩擦阻力的过程。制动过程中制动器温度不断提高，制动器摩擦因数下降，摩擦阻力矩减小，从而使制动能力降低，这种现象称为热衰退现象。因此，可以用制动器处于热状态时能否保持冷状态时的制动效能来评价汽车制动抗热衰退性。制动抗热衰退性是衡量制动效能恒定性的一个指标。随着高速公路的发展及汽车车速的提高，汽车制动性能的恒定性要求也越来越高，但由于测试方法较复杂，在一般汽车综合检测站较难实施，对于在用汽车也无须检测制动抗热衰退性。

3. 制动稳定性的评价指标

汽车在制动过程中有时出现制动跑偏、侧滑，而使汽车失去控制而偏离原来的行驶方向，甚至发生驶入对方车辆行驶轨道、下沟或滑下山坡等危险情况。汽车在制动过程中维持直线行驶的能力或按预定弯道行驶的能力，称为制动时汽车的方向稳定性，也就是本书所说的制动稳定性。

制动稳定性通常用制动时按给定轨迹行驶的能力来评价，即按汽车制动时维持直线行驶或预定弯道行驶的能力来评价。在国际上，通常是规定汽车直线行驶，在一定的速度下制动时，不偏离规定的试车通道来评价。《机动车运行安全技术条件》（GB 7258—2012）标准也采用这种方法来评价制动稳定性。

在台试检验汽车的制动性能时，通常用汽车各轴左、右轮制动力的平衡情况来评价汽车的制动稳定性。

车辆的制动稳定性差主要表现为“制动跑偏”和“车轮侧滑”。制动跑偏是指车辆制动时不能按直线方向减速或停车，而无控制地向左或向右偏驶的现象。

影响制动跑偏的因素有很多。产生跑偏的主要原因是汽车左、右轮制动器制动力不相等或制动力增长的快慢不一致。特别是转向轮左、右轮制动器的制动力不相等，更容易引起跑偏。悬架系统的结构与刚度、车轮定位角度、轮胎的机械特性、道路状况、轮荷的分配状态等，都会引起跑偏。

此外，制动时悬架导向杆系在运动学上的不协调，也会引起车辆跑偏。汽车在制动过程中，当车轮未抱死制动时，车轮尚具有承受一定侧向力的能力。在一般横向干扰力的作用下不会发生制动侧滑现象。但当车轮抱死制动时，车轮承受侧向力的能力几乎全部丧失，这时汽车在横向干扰力的作用下极易发生侧滑。

侧滑对汽车制动稳定性的影响取决于发生车轮抱死滑移的位置，一般制动时前轮先抱死滑移，车辆能维持直线减速停车，汽车处于稳定状态。但此时车辆将丧失转向能力，对在弯道上行驶的车辆是十分危险的。若后轮比前轮提前一定的时间先抱死，车辆在侧向干扰力的作用下将发生急剧甩尾或旋转，使车辆丧失制动稳定性。高速行驶的车辆出现这种制动不稳定现象就更加危险。

汽车制动跑偏与制动时车轮侧滑是有联系的，严重的跑偏常会引起后轮的侧滑。制动时易于发生后轮侧滑的汽车也有加剧跑偏的倾向。

为了提高车辆的制动稳定性，首先在设计时就应保证各轮制动力适当并应在各轴间合理分配，有的在汽车上装有制动力分配调节装置，如限压阀、比例阀、感载阀等，近年已发展到采用计算机控制的汽车电子防抱死制动装置等。在车辆投入使用后，应经常检查、调整，以保持左、右轮制动力平衡，提高制动稳定性。

当车辆抱死产生侧滑时，应立即放松制动踏板，停止制动，降低车速，把转向盘朝着侧滑的一方转动。当车辆的位置调整后，要平稳地把转向盘转到原来的位置。

前面讨论的评价指标主要用于评价汽车制动时制动性能的好坏。然而，一旦需要解除制动，制动装置能否迅速而彻底地解除制动，也会影响行车安全。

在行车中，踏下制动踏板后，再抬起踏板，若不能迅速解除制动，而仍有制动作用，这种现象称为制动拖滞。车辆制动拖滞现象的出现，虽然不能立即引起行车事故，但如果不及时排除故障，将会导致制动系统损坏，特别是制动器过热，制动蹄片烧蚀，降低车辆的制动性能。因此，控制车辆阻滞力也列入制动性能的检测项目。

二、汽车制动性的因素影响

影响汽车制动性的主要因素可以概括为 4 个方面：制动器的结构、汽车的使用条件、汽车的维修保养和驾驶员使用情况。

1. 制动器的结构

目前，各类汽车摩擦制动器可分为鼓式和盘式两大类。前者摩擦副中的旋转元件为制动鼓，其工作表面为圆柱体；后者的旋转元件则为圆盘状的制动盘，以端面为工作表面。盘式制动器与鼓式制动器相比具有以下几个优点。

（1）热稳定性好。原因是一般无自行增力作用，衬块摩擦表面的压力分布比鼓式制动器中的衬片更为均匀。此外，制动鼓在受热膨胀后，工作半径增大，使其只能与蹄的中部接触，从而降低了制动效能，这称为制动热衰退。制动盘的轴向膨胀极小，径向膨胀与性能无关，故无机械衰退问题。

（2）水稳定性好。制动块对盘的单位压力高，易于将水挤出，因而浸水后效能降低不多；又由于离心力作用及衬块对盘的擦拭作用，出水后只需经一两次制动即能恢复正常。

（3）在输出制动力矩相同的情况下，尺寸和质量一般较小，更换制动衬片简单容易。同时压力分布均匀，故衬块磨损也均匀。

盘式制动器主要有以下几个缺点。

（1）效能较低，故用于液压制动系统时所需的制动促动管路压力较高，一般要用伺服装置。

（2）兼用于驻车制动时，需要加装的驻车制动传动装置比鼓式制动器复杂，因而在后轮上的应用受到限制。

目前，盘式制动器已广泛应用于轿车，但除了在一些高性能轿车上用于全部车轮以外，大多只用作前轮制动器，与后轮的鼓式制动器相配合，以期获得在较高车速下制动时的方向稳定性。

目前，盘式制动器在货车上的应用也不少，但距普及还有一定距离。

车轮制动器的摩擦副、制动鼓的构造和材料，对于制动器的摩擦力矩和制动效能的热衰退都有很大影响。在设计制造中应选用好的结构形式及材料，在使用维修中也应注意摩擦片的选用。制动器的结构形式不同，其制动效率也不同。制动效能因数大，则在制动鼓半径和制动器张力相同的条件下，制动器所能产生的制动力矩也大。但当制动器摩擦副的摩擦因数下降时，其制动力矩将显著下降，制动稳定性较差。

2. 汽车的使用条件

汽车的使用条件包括路面条件、驾驶速度、汽车轴间负荷的分配、负载质量等，这些均对制动过程有很大影响。

汽车受到与行驶方向相反的外力作用时，才能从一定的速度制动到较小的车速直至停车。这个外力只能由地面和空气提供。但由于空气阻力相对较小，因此实际上外力主要是由地面提供的，称之为地面制动力。地面制动力对汽车的制动性能具有决定性作用，它的大小由路面情况决定，平整、干燥、干净的路面能够提供相对较大的地面制动力。

汽车行驶时可能遇到两种附着能力很小的危险情况。一种情况是刚开始下雨，路面上只有少量雨水时，雨水与路面上的尘土、油污混合，形成黏度较高的水液，滚动的轮胎无法排挤出胎面与路面间的水液膜；由于水液膜的润滑作用，附着性能将大大降低，平滑的路面有时会同冰雪路面一样滑。另外一种情况是高速行驶的汽车经过有积水的路面，出现了滑水现象。轮胎在有积水层的路面上滚动时，其接触面如图 4–2 所示，分为三个区域：A 区是水膜区；C 区是胎面与路面直接接触产生附着力的主要区域；B 区是 A 区、C 区的过渡区，是部分穿透水膜区，路面的突出部分与胎面接触，提供部分附着力。轮胎低速滚动时，由于水的黏滞性，接触面前部的水需要一定时间才能挤出，因此接触面中轮胎胎面的前部将越过楔形水膜（即 A 区）滚动。

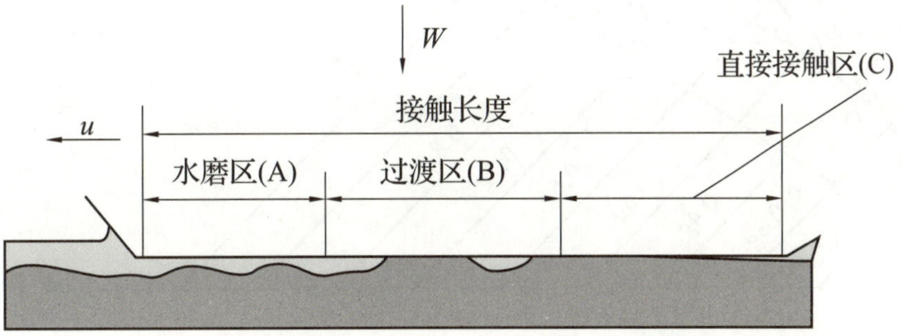

图 4–2　路面有积水层时轮胎接地面中的三个区域

车速提高后，高速滚动的轮胎迅速排挤水层，由于水的惯性，接触区前部的水层中产生动压力，其值与车速的二次方成正比。压力使胎面与地面分开，即随着车速的增加，A 区水膜在接触区中向后扩展，B、C 区相对缩小；在某一车速下，当胎面下的动水压力等于垂直载荷时，轮胎将完全漂浮在水膜上面而与路面毫不接触，B、C 区不复存在。这就是滑水现象。

汽车制动时，前轴负荷增加，后轴负荷减小。如果前、后轮制动器的制动力根据轴间负荷的变化分配，符合理想分配的条件，则前、后轮同时抱死；如果前、后轮制动器的制动力的比例为定值，则只有在具有同步附着系数的路面上，前、后轮才能同时抱死。

为了防止制动时后轮抱死而发生危险的侧滑，汽车制动系统的前、后轮制动器的制动力实际分配线应当总在理想前、后轮制动器的制动力分配曲线（I 曲线）下方，如图 4–3 所示。为了降低前轮失去转向能力的倾向和提高制动系统的效率，实际分配线越接近，制动力的分配就越好。如果能根据需要改变实际分配线使之达到上述目的，将比前、后轮制动器制动力具有固定比值的汽车具有更大的优越性。为此，在现代汽车制动系统中都装有各种压力调节装置。

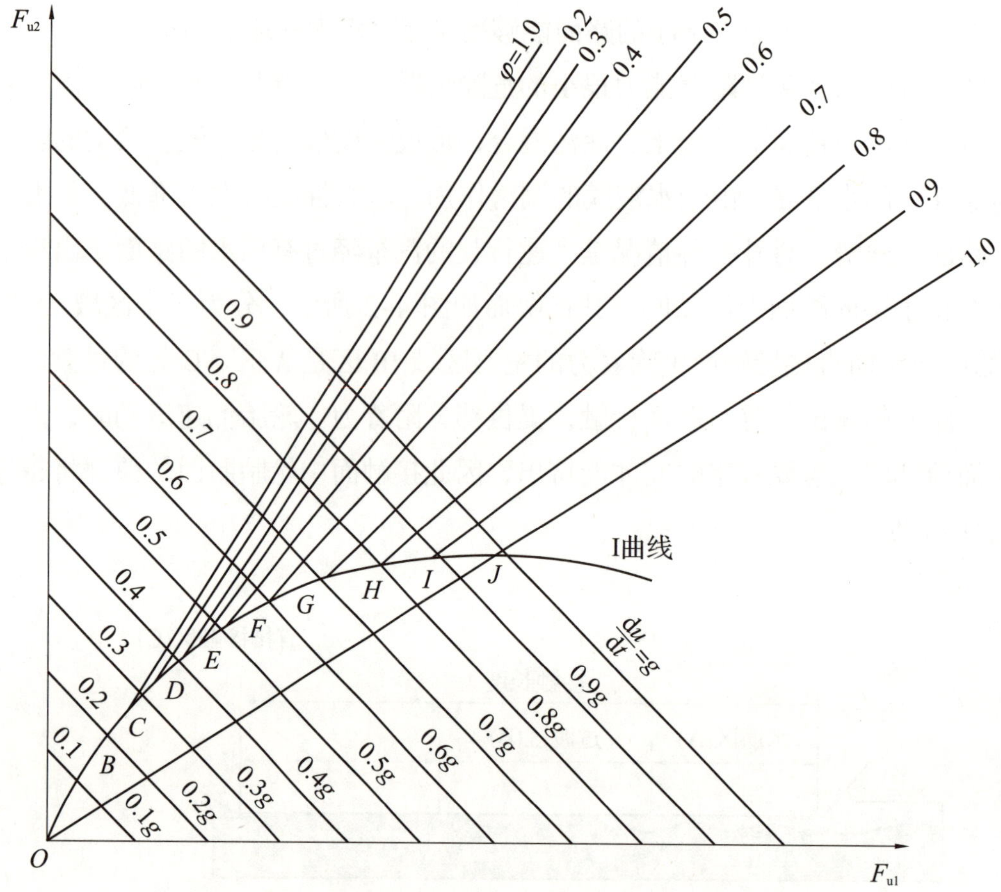

图 4-3　理想的前、后轮制动器的制动力分配曲线

常见压力调节装置有限压阀、比例阀、载荷控制比阀、载荷控制限压阀。当制动系统油压达到某一值后，比例阀自动调节前、后轮制动器的油压，使前、后轮制动器制动力仍维持直线关系，但直线的斜率小于 1。实际分配线变为折线，实际分配线总在 I 曲线之下而且接近 I 曲线，但它仅适合于一种载荷下的实际分配线与 I 曲线配合。

采用按理想的制动器制动力分配曲线来改变实际分配线的制动系统，能提高汽车制动时的稳定性。对于负载质量较大的汽车，因前、后轮的制动器设计一般不能保证在任何道路条件下都使其制动力同时达到附着极限，所以汽车的制动距离就会因负载质量的不同而产生差异。实践证明，对于负载质量为 3t 以上的汽车，大约负载质量每增加 1t，其制动距离平均要增加 1.0m，即使是同 一辆汽车，在负载质量和方式发生变化时，由于重心位置变动，也会影响汽车的制动距离。

3. 汽车的维修保养

汽车的维修保养主要是指对制动系统的保养，包括制动盘、制动鼓、制动衬片、制动液的更换，以及制动器间隙的调节和轮胎的选择和更换等。制动摩擦片的表面不清洁，如沾有油、水或污泥，则摩擦因数将减小，制动力矩即随之降低；如汽车涉水后水渗入制动器，其摩擦因数将急剧下降 20%~30%。制动液也是液压系统的重要组成部分，它的质量对制动系统的工作可靠性有很大影响。制动液若汽化，将在管路中产生气阻现象，使制动系统失效，所以需要定期更换制动液。制动盘、鼓的更换更是维修保养的重点，当制动盘、鼓的厚度低于安全厚度时应立即更换，否则将严重影响制动器的性能。

4. 驾驶员使用情况

驾驶员的驾驶技术对汽车的制动性有很大影响。制动时，如能保持车轮接近抱死而未抱死的状态，便可获得最佳的制动效果。实践经验证明，在制动时，如迅速交替踩下和放松制动踏板，即可提高其制动效果。因为此时车轮边滚边滑，轮胎着地部分不断变换，故可避免由于轮胎局部剧烈发热使胎面温度上升而降低制动效果。在紧急制动时，驾驶员如果能急速踩下制动踏板，则制动系统的协调时间将缩短，从而缩短制动距离。此外，当汽车在光滑路面上行驶时，不可猛烈踩制动踏板，以免因制动力过大而超过附着极限，导致汽车侧滑。

任务　汽车制动性的检测

学习目标

技能： 1. 掌握汽车制动性的评价指标；
2. 了解汽车制动性的影响因素；
3. 熟悉汽车制动性的检测方法。

素养： 1. 具备自主学习、独立解决问题的能力；
2. 具备安全生产意识。

任务引入

汽车制动性的检测分为台试检测和路试检测。《机动车运行安全技术条件》中除对汽车制动系统提出了主要技术条件外，还分别规定了台试检测和路试检测的检测项目、检测方法及相应的技术要求。

任务准备

准备项目	准备内容
防护用品准备	车辆保护套、车内五件套、工作服、护目镜等
场地准备	试验场地与道路
工具、设备、材料准备	实训车、反力式滚筒制动试验台、平台式制动试验台、汽车维修通用工具

制动检验台的结构原理：

1. 反力式滚筒制动检验台的结构及制动原理

1）反力式滚筒制动检验台的结构

反力式滚筒制动检验台的结构如图 4-4 和图 4-5 所示，现行的产品制造执行标准为《滚筒反力式汽车制动检验台》。它由结构完全相同的左右两套对称的车轮制动力测试单元和一套指示、控制装置组成。每套车轮制动力测试单元由框架（多数检验台将左、右测试单元的框架制成一体）、驱动装置、滚筒组、测量装置、举升装置等构成。

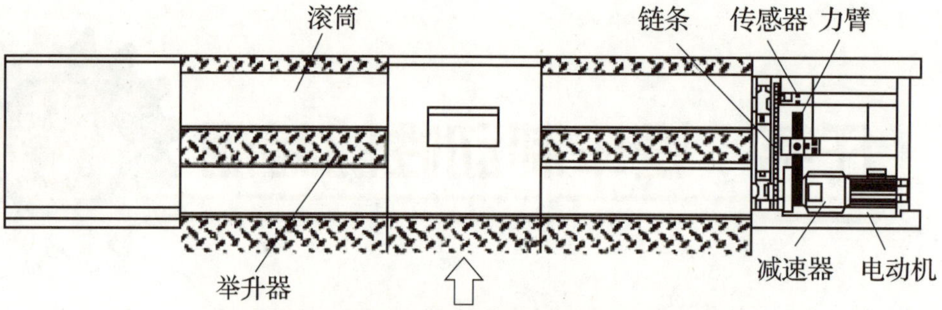

图 4-4　反力式滚筒制动检验台的结构

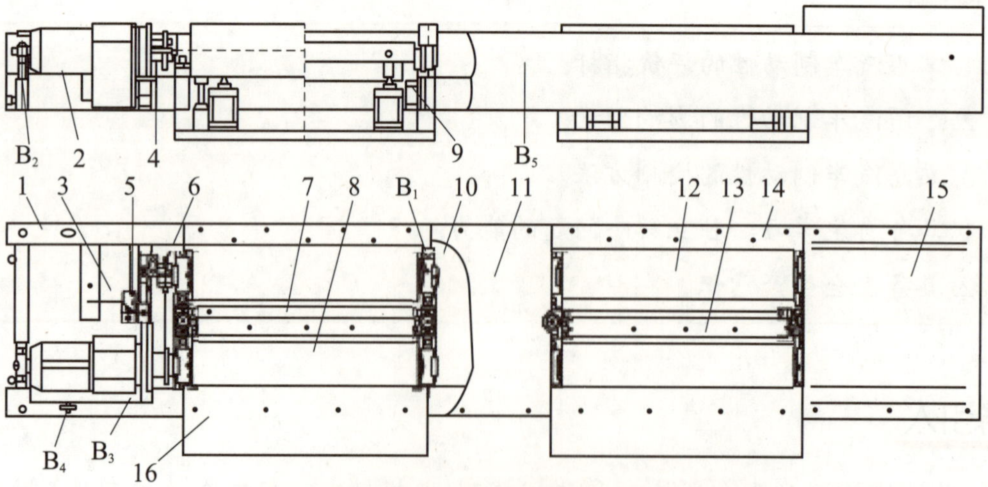

图 4-5　某种反力式制动台的结构简图

1—框架；2—减速机组件；3—力臂支架；4—主滚筒链轮；5—光电开关支架；6—副滚筒链轮；7—左制动第三滚筒；8—左制动主滚筒；9—举升器导向；10—轮胎挡轮；11—中间盖板；12—右制动副滚筒；13—右制动举升器；14—右制动出车端边盖板；15—右制动边盖板；16—左制动引板；B_1—滚筒轴承；B_2—电动机轴承；B_3—链条；B_4—吊环；B_5—框架侧向螺栓

（1）驱动装置。

驱动装置由电动机、减速器和链传动组成。电动机经过减速器减速后驱动主动滚筒，主动滚筒通过链传动带动从动滚筒旋转。减速器输出轴与主动滚筒同轴连接或通过链条、传动带连接，减速器壳体为浮动连接（即可绕主动滚筒轴自由摆动）。日制式制动台测试车速较低，一般为 0.10~0.18km/h，驱动电动机的功率较小，一般为 2×0.6~2×2.2kW；欧制式制动台测试车速为 2~5km/h，驱动电动机的功率较大，一般为 2×3~2×11kW。减速器的作用是减速增扭，其减速比根据电动机的转速和滚筒测试转速确定。由于测试车速低，滚筒转速也较低，一般在 40~100r/min（日制式检验台转速更低，甚至低于 10r/min），因此要求减速器减速比较大，一般采用两级齿轮减速或一级蜗轮蜗杆减速与一级齿轮减速。

理论分析与试验表明，滚筒表面线速度过低时测取协调时间偏长、制动重复性较差，若滚筒表面线速度过高，则对车轮损伤较大，《滚筒反力式汽车制动检验台》（GB/T 13564—2005）推荐使用滚筒表面线速度为 2.5km/h 左右的制动台。

（2）滚筒组。

每个车轮制动力测试单元设置一对主、从动滚筒。每个滚筒的两端分别用滚筒轴承与轴承座支承在框架上，且保持两滚筒轴线平行。滚筒相当于一个活动的路面，用来支承被检车辆的车轮，并承受和传递制动力。汽车轮胎与滚筒间的附着系数将直接影响制动检验台所能测得的制动力大小。为了增大滚筒与轮胎间的附着系数，滚筒表面都进行了相应的加工与处理。《滚筒反力式汽车制动检验台》要求滚筒表面附着系数不小于 0.6。目前，应用较多的有下列 5 种。

①开有纵向浅槽的金属滚筒。在滚筒外圆表面沿轴向开有若干个间隔均匀、有一定深度的沟槽。这种滚筒表面的附着系数最高可达 0.65。当表面磨损且沾有油、水时，附着系数将急剧下降。

②表面粘有砂粒的金属滚筒。这种滚筒表面无论干或湿，其附着系数均可达 0.8 以上。

③表面带有嵌砂喷焊层的金属滚筒。喷焊层材料选用 NiCrBSi 自熔性合金粉末及钢砂。这种滚筒表面的附着系数可达 0.9 以上，其耐磨性也较好。

④高硅合金铸铁滚筒。这种滚筒表面带槽，耐磨，附着系数可达 0.6~0.8，价格便宜。

⑤表面带有特殊水泥覆盖层的滚筒。这种滚筒表面比金属滚筒耐磨，表面附着系数可达 0.6~0.8，但表面易被油污与橡胶粉粒附着，使附着系数降低。

滚筒直径与两滚筒间中心距的大小，对检验台的性能有较大影响。滚筒直径增大有利于改善与车轮之间的附着情况，增加测试车速，使检测过程更接近实际制动状况，但必须相应增加驱动电动机的功率。而且随着滚筒直径的增加，两滚筒间的中心距也需相应增加，才能保证合适的安置角，但这样可使检验台的结构尺寸相应增大、制造要求提高。《滚筒反力式汽车制动检验台》推荐使用直径为 245mm 左右的制动台。

有的滚筒制动检验台在主、从动滚筒之间设置一个直径较小且既可自转又可上下摆动的第三滚筒，平时由弹簧使其保持在最高位置。在设置第三滚筒的制动检验台上取消了举升装置，并在第三滚筒上装有转速传感器。在检验时，将被检车辆的车轮置于主、从动滚筒上，同时压下第三滚筒，并与其保持可靠接触，控制装置通过转速传感器即可获知被测车轮的转动情况。

当被检车轮制动，转速下降至接近抱死状态时，控制装置根据转速传感器输出的相应电信号计算滑移率，达到一定值（如25%）时使驱动电动机停止转动，以防止滚筒剥伤轮胎和保护驱动电动机。第三滚筒除了具有上述作用外，有的检验台还将其作为安全保护装置，只有当两个车轮制动测试单元的第三滚筒同时被压下时，检验台的驱动电动机电路才能接通。

（3）制动力测量装置。

制动力测量装置主要由测力杠杆和传感器组成。测力杠杆一端与传感器接触，另一端与减速器壳体连接，被测车轮制动时，测力杠杆与减速器壳体将一起绕主动滚筒（或绕减速器输出轴、电动机枢轴）轴线摆动。传感器将测力杠杆传来的与制动力成比例的力（或位移）转变成电信号输送到指示、控制装置。传感器有应变测力式、自整角电动机式、电位计式、差动变压器式等多种类型。日制式制动检验台多采用自整角电动机式测量装置，而欧制式以及近期国产制动检验台多采用应变测力式传感器。

（4）举升装置。

为了便于汽车出入制动检验台，通常在主、从动两滚筒之间设置举升装置。该装置通常由举升器、举升平板和控制开关等组成。举升器常用的有气压式、电动螺旋式、液压式三种。气压式利用压缩空气驱动气缸中的活塞或使气囊膨胀完成举升作用；电动螺旋式利用电动机通过减速器带动丝母转动，迫使丝杠轴向运动起举升作用；液压式由液压举升缸完成举升动作。有些带有第三滚筒的制动检验台未装举升装置。

（5）控制装置。

目前，制动检验台控制装置大多采用电子式。为提高自动化与智能化程度，有的控制装置中配置计算机。指示装置有指针式和数字显示式两种。带计算机的控制装置多配置数字式显示器，但也有一部分配置指针式指示仪表。

2）反力式滚筒制动检验台的制动原理

如图4–6所示，检测时将汽车轮胎停于主、从滚筒之间，触发制动台的到位开关（或光电开关），控制仪表或系统，采集车轮到位信号后起动电动机，经变速器、链传动和主、从滚筒带动车轮匀速旋转，控制仪器提示驾驶员踩下制动踏板。踩下制动踏板后，车轮在车轮制动器的摩擦力矩下开始减速旋转。此时，电动机驱动的滚筒在车轮轮胎周缘的切线方向产生与车轮制动器力矩相反的制动力，以克服制动器摩擦力矩，维持车轮继续旋转。与此同时，车轮轮胎对滚筒表面沿切线方向附加一个与电动机产生的力矩方向相反且等值的反作用力，在形成的反作用力矩的作用下，减速器外壳与测力杠杆一起朝与滚筒转动相反的方向摆动，测力杠杆一端的测力传感器受力，输出与制动力大小成一定比例的电信号。从测力传感器输出的信号经放大滤波后，送往仪表或 A/D 转换器转换成数字信号，经计算机或仪表计算处理后，显示结果并输出。

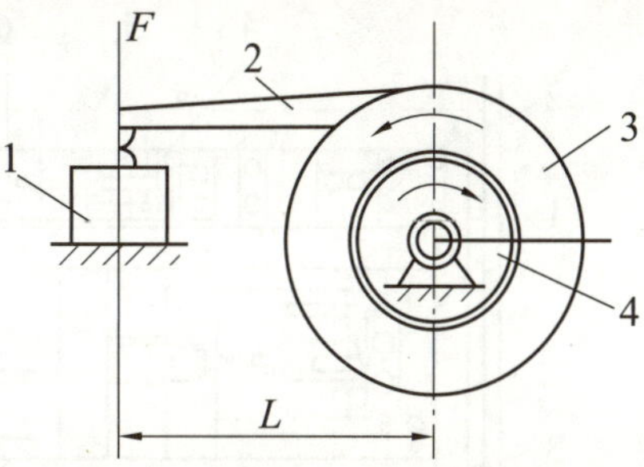

图 4-6　反力式滚筒制动检验台制动力测试原理

1—传感器；2—测力臂；3—电动机（或变速器）定子；4—电动机转子

另外，在实际使用时，可将第三滚筒的转速信号输入仪表或计算机系统，测试中当车轮与滚筒之间的滑移率下降到预设值时（滑移率是指踩制动踏板后车轮转速下降的值与未踩制动时车轮的转速值之比），仪表或计算机就会发出停止电动机指令，测试完毕，以起到停机保护作用。此外，也有采用软件判断等其他方式控制停机的制动检验台。

2. 平板式制动检验台的结构及制动原理

为满足汽车行驶的制动要求，提高制动稳定性，减少制动时后轴车轮侧滑和甩尾现象的发生，考虑到汽车制动时质量将发生前移，在设计乘用车时，前轴制动力可达到静态轴荷的 140% 左右，而后轴制动力则相对较小。上述制动特性只有在进行道路试验时才能体现，在滚筒反力式制动检验台上，由于受设备结构和试验方法的限制，无法测量前轴最大制动力。

1）平板式制动检验台的结构

平板式制动检验台结构简单，运动件少，用电量少，日常维护工作量少，可增强工作可靠性。平板式制动检验台模拟实际道路制动过程进行检测，能够反映制动时轴荷转移及车辆其他系统（如悬架结构、刚度等）对制动性能的影响，因此可以较为真实地检测前轴驱动的乘用车的制动效能。但平板式制动检验台对检验员的操作要求较高，同时对不同轴距汽车的适应性也较差，因此，《机动车运行安全技术条件》规定，前轴驱动的乘用车更适宜采用平板式制动检验台进行制动效能检测，一般采用四板组合平板式制动检验台，其结构简图如图 4-7 和图 4-8 所示。它由控制柜、侧滑测试平板、制动 - 轴荷测试平板、拉力传感器、压力传感器、底板等组成。

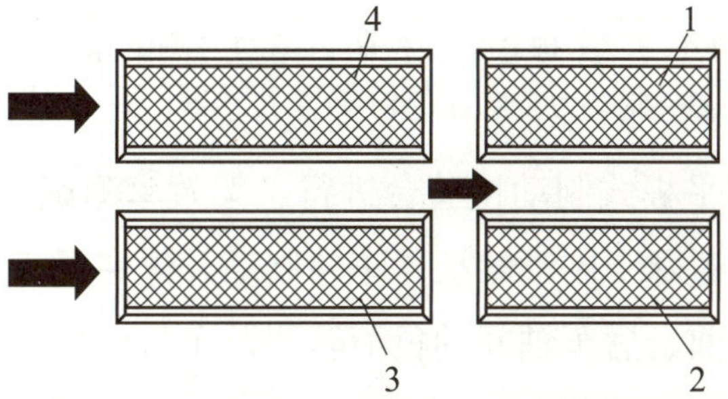

图 4-7　四板组合平板式制动检验台布置

1—左前轮检测板；2—右前轮检测板；3—左后轮检测板；4—右后轮检测板

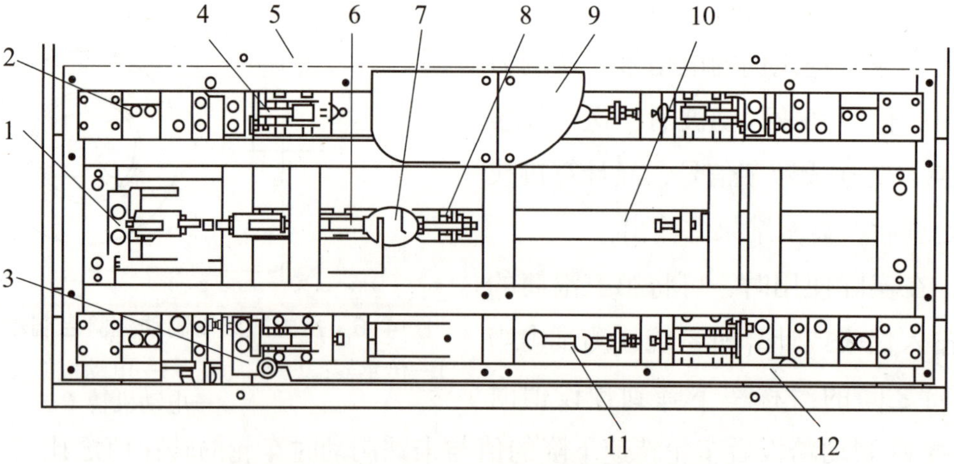

图 4-8 HPZS-10 检测板的结构

1—制动力传感器；2—称重传感器；3—检测板侧向限位装置；4—检测板纵向限位装置；5—检测板外框架；6—制动力标定传感器连接装置；7—制动力标定传感器；8—标定传感器加载装置；9—检测板粘砂面板；10—底板；11—检测板复位弹簧；12—检测板框架

（1）制动力和轮重测试。平板式制动检验台由几块平整的检测板组合安装而成，形成一段模拟路面，检测板工作面采用特殊的粘砂处理工艺（工作面可选用钢丝网格或喷镍，根据客户需要配置），使得表面与车辆轮胎之间具有很高的附着系数。检测时，机动车辆以一定的速度（5~10km/h）行驶到该平板上并实施制动，此时轮胎对台面产生一个沿行车方向的切向力（见图 4-9）。在车辆驶上检验台面后的全过程中，装在平板制动检测板下面的称重传感器和制动力传感器将车辆轮胎传递的力转换成电信号，经放大滤波后，送往 A/D 转换器转换成数字信号，由计算机处理后显示结果并输出。

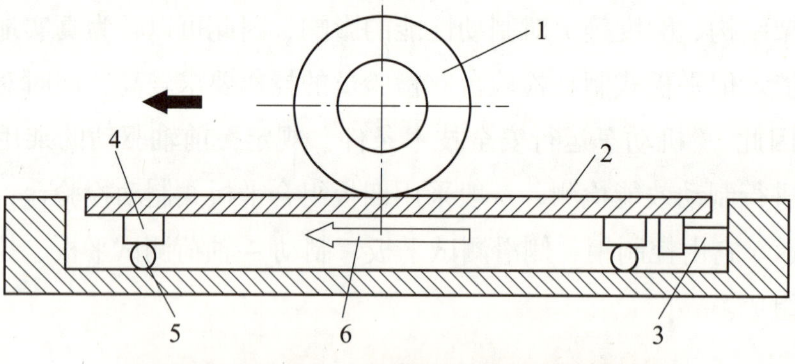

图 4-9 平板式制动检验台制动力测试原理

1—车轮；2—检测板；3—制动力传感器；4—称重传感器；5—钢珠；6—制动力的方向

（2）悬架效率测试。用平板式制动检验台进行悬架效率测试时，车辆以 5~10km/h 的速度驶上平板台后，驾驶员迅速踩下制动踏板，车轮制动并停在平板上，此时车轮处的负重发生变化，主要是由于制动时前、后车轴间的负荷转移及车身通过悬架在车轮上的振动而引起的。车身加速向下时，车轮处负重增加；车身加速向上时，车轮处负重减少。图 4-10 所示的曲线是平板台在显示悬架效率测试结果时给出的前、后车轮处的负重随时间变化的动态轮荷曲线。由于车辆的悬架系统能衰减、吸收车身的振动，因此车身的振动经过一段时间后就会消失，故图 4–10 中曲线的后段逐渐平直并接近 0 点高度（车轮处于静态负重值）。图 4–10 中的曲线完整地反映了制动引起的车身振动被悬架系统逐渐衰减的过程，然后计算机可根据特定的公式计算出车辆的悬架效率测试结果。

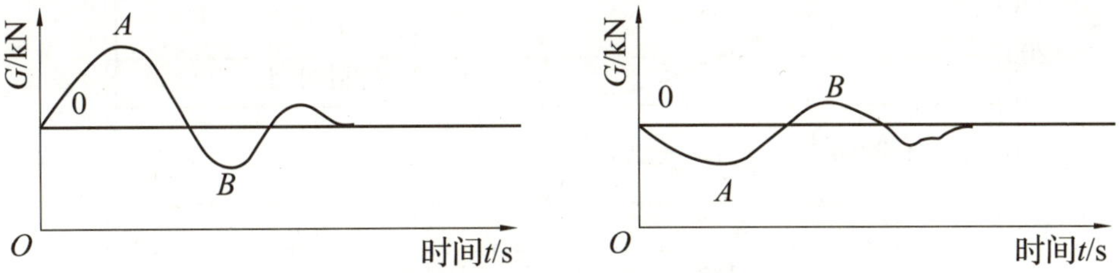

图 4–10　动态轮荷曲线

2）平板式制动检验台的制动原理

测试平板是制动力和垂直力的承受与传递装置，它是一块长方形钢板，下面 4 个角上安置 4 个压力传感器，压力传感器底部加工成可以放置钢珠的纵向 V 形沟槽，底板与压力传感器底部的纵向沟槽对应处也设有 4 条可以放置钢珠的纵向沟槽。这样，测试平板既可以通过钢珠在底板上沿纵向移动，又可以通过钢珠将作用于测试平板上的垂直力传递到底板上。此外，测试平板还通过一根装有拉力传感器的纵向拉杆连接在底板上。当汽车行驶到 4 块测试平板上进行制动时，这些压力传感器和拉力传感器就能同时测出每个车轮作用于测试平板上的制动力与垂直力。

（1）平板制动检验是一个动态过程，在制动过程中，数据变化很快，当前轴左、右轮的制动力达到最大值时，各轮对应的轮重也基本是最大值，但制动力与对应轮重达到最大值的时刻并不严格一致；当后轴左、右轮的制动力达到最大值时，各轮对应轮重在最小值附近（见图 4–11 和图 4–12）。

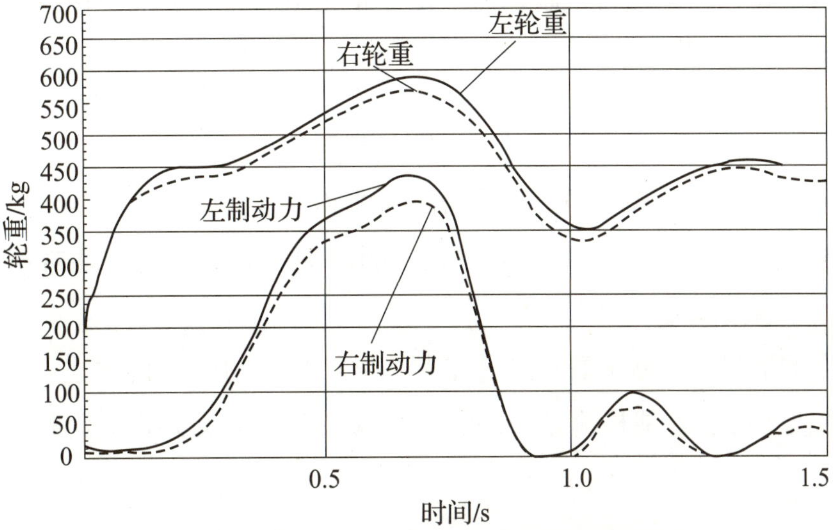

图 4–11　平板式制动检验台前轴制动曲线

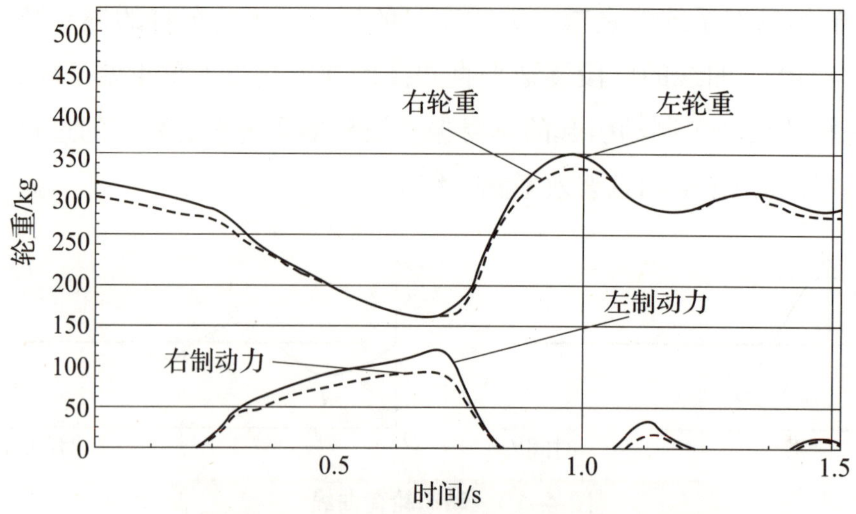

图 4-12　平板式制动检验台后轴制动曲线

（2）对于乘用车，计算轴制动率时，轴荷取动态轴荷，明确取左、右轮制动力达到最大值时所分别对应的左、右轮荷之和为动态轮荷。计算时，整车动态轮荷为各轴动态轮荷之和。对乘用车计算驻车制动率、整车制动率、制动不平衡率时，均按静态轴荷计算。

（3）制动不平衡率计算区间。从踩制动踏板开始，到同轴左、右轮任一车轮达到最大制动力的时刻为取值区间。

任务实施

一、台式检测

1. 检测项目

台试检测项目主要包括制动力、制动力平衡、车轮阻滞力和制动协调时间等。

2. 制动检验台的类型

（1）按测试原理不同，可分为反力式和惯性式两类。

（2）按检验台支撑车轮形式不同，可分为滚筒式和平板式两类。

（3）按检测参数不同，可分为测制动力式、测制动距离式、测制动减速度式和综合式 4 种。

（4）按检验台的测量、指示装置、传递信号方式不同，可分为机械式、液力式和电气式 3 种。目前，国内汽车综合性能检测站所用制动检验设备多为反力式滚筒制动检验台和平板式制动检验台。

3. 检测方法

1）反力式滚筒制动检验台

（1）检测前仪器及车辆准备。

①检验台滚筒表面清洁，无异物及油污，仪表清零。

②车辆轮胎气压、花纹深度符合标准规定，胎面清洁。

③将踏板力计装到制动踏板上。

（2）检测过程。

①车辆对正居中地驶入检验台，将被测轮停放在制动台前、后滚筒间，变速器置于空挡。

②降下举升器，起动电动机，保持一定采样时间（约 5 s），测得阻滞力。

③根据提示，踩下制动踏板，测量最大制动力数值。

④电动机停转，举升器升起，被测轮驶离。

按以上程序依次测试其他车轮。若检测驻车制动，则拉紧驻车制动操纵装置，测量驻车制动力数值。

⑤卸下踏板力计，车辆驶离。

注意事项：

①车辆进入检验台时，轮胎不得夹有泥、沙等杂物，除驾驶员外，不得有其他乘员。

②测制动时不得转动转向盘。

③在制动检验时，车轮如在滚筒上抱死，制动力未达到要求时，可换用路试或其他方法检测。

④空载检测时，对于气压制动系统，气压表的指示气压不大于 600kPa；对于液压制动系统，乘用车的踏板力不大于 400N；对于其他机动车的制动系统，踏板力不大于 450N。

2）平板式制动检验台

（1）检测前仪器及车辆准备。

①检验台滚筒表面清洁，无异物及油污，仪表清零。

②车辆轮胎气压、花纹深度符合标准规定，胎面清洁。

③将踏板力计装到制动踏板上。

（2）检测过程。

①驾驶员以 5~10km/h 速度将车辆对正并驶上平板，置变速器于空挡并紧急制动。系统将给出行车制动测试结果及悬架效率。

②车辆继续前进，等后轮驶上平板时（实际操作以设备说明书规定的方法为准），置变速器于空挡并驻车制动。系统将给出驻车制动测试结果。

注意事项：

①轴重大于检验台允许重力的汽车，请勿开上检验台。

②车辆进入检验台时，轮胎不得夹有泥、沙等杂物；不应让油、水、泥、沙等进入试验台内。

③空载检验时，对于气压制动系统，气压表的指示气压不大于 600kPa；对于液压制动系统，乘用车的踏板力不大于 400N；对于其他机动车的制动系统，踏板力不大于 450N。

④不要在检验台上进行车辆维修作业。

4. 技术要求

（1）制动力要求：前轴制动力与前轴荷之比不小于 60%；制动力总和与整车重力之比，空载时不小于 60%，满载时不小于 50%；乘用车和总质量不大于 3 500kg 的货车的后轴制动力与后轴荷之比不小于 20%。

（2）制动平衡要求：在制动力增长的全过程中同时测得的左、右轮制动力差的最大值，与全过程中测得的该轴左、右轮最大制动力之比，前轴不应大于 20%；对于后轴（及其他轴），当轴制动力不小于该轴轴荷的 60% 时，不应大于 24%；当后轴（及其他轴）制动力小于该轴轴荷的 60% 时，在制动力增长全过程中同时测得的左、右轮制动力差的最大值不应大于该轴轴荷的 8%。

（3）阻滞力要求：进行制动力检测时，车辆各轮的阻滞力均不得大于该轴轴荷的 5%。

（4）驻车制动力要求：驻车制动力总和应不小于该车在测试状态下整车质量的 20%；对于总质量为整备质量 1.2 倍以下的车辆，此值为 15%。

（5）制动完全释放时间要求：汽车制动完全释放时间（从松开制动踏板到制动消除所需要的时间）不大于 0.80s。

二、路试检测

1. 检测项目

路试的主要检验项目有制动距离、充分发出的平均减速度、制动稳定性、制动协调时间、驻车制动坡度等。

2. 检测方法

（1）路试检验制动性能应在平坦（坡度不应大于 1%）、干燥和清洁的硬路面（轮胎与路面之间的附着系数不应小于 0.7）上进行。

（2）在试验路面上画出《机动车运行安全技术条件》（CB 7258—2012）规定宽度的试验

通道的边线，被测机动车沿着试验车道的中线行驶至高于规定的初速度后，置变速器于空挡（自动变速的机动车可置变速器于 D 挡），当滑行到规定的初速度时，急踩制动踏板，使机动车停止。

（3）用制动距离检验行车制动性能时，采用速度计、第五轮仪或用其他测试方法测量机动车的制动距离，对除气压制动外的机动车还应同时检测踏板力（或手操纵力）。

（4）用充分发出的平均减速度检验行车制动性能时，采用能够检测充分发出的平均减速度（MFDD）和制动协调时间的仪器测量机动车充分发出的平均减速度（MFDD）和制动协调时间，对除气压制动外的机动车还应同时检测踏板力（或手操纵力）。

3. 技术要求

路试检测制动性能应符合表 4-1~ 表 4-7 的规定。

表 4-1　制动距离和制动稳定性要求

车辆类型	制动初速度 /（$km \cdot h^{-1}$）	满载检验制动距离要求 /m	空载检验制动距离要求 /m	制动稳定性要求，车辆任何部位不得超出的试车道宽 /m
三轮汽车	20	≤ 5.0		2.5
乘用车	50	≤ 20.0	≤ 19.0	2.5
总质量不大于 3 500kg 的低速货车	30	≤ 9.0	≤ 8.0	2.5
其他总质量不大于 3 500kg 的汽车	50	≤ 22.0	≤ 21.0	2.5
其他汽车、汽车列车	30	≤ 10	≤ 9.0	3

表 4-2　制动减速度和制动稳定性要求

车辆类型	制动初速度 /（$km \cdot h^{-1}$）	满载检验制动距离要求 /m	空载检验 MFDD /（$m \cdot s^{-2}$）	制动稳定性要求，车辆任何部位不得超出的试车道宽 /m
三轮汽车	20	≥ 3.8		2.5
乘用车	50	≥ 5.9	≥ 6.2	2.5
总质量不大于 3 500kg 的低速货车	30	≥ 5.2	≥ 5.6	2.5
其他总质量不大于 3 500kg 的汽车	50	≥ 5.4	≥ 5.8	2.5
其他汽车、汽车列车	30	≥ 5.0	≥ 5.4	3

表 4-3　制动性能检验时制动踏板力或制动气压要求

检验项目		空载	满载
气压制动系统气压表指示气压 /kPa		≤ 600	≤额定工作气压
液压制动器踏板力 /N	乘用车	≤ 400	≤ 500
	其他汽车	≤ 450	≤ 700
	三轮汽车	≤ 600	—

表 4-4　空载状态驻车制动性能要求

车辆类型	轮胎与路面间附着系数	停车坡道坡度（车辆正反向）/%	保持时间 /min
总质量 / 整备质量不大于 1.2t	≥ 0.7	15	≥ 5
其他车辆	≥ 0.7	20	≥ 5

表 4-5　驻车制动性能检验时操纵力

车辆类型	手操纵力 /N	脚操纵力 /N
乘用车	≤ 400	≤ 500
其他车辆	≤ 600	≤ 700

表 4-6　应急制动性能要求

车辆类型	制动初速度 /（$km \cdot h^{-1}$）	制动距离 /m	充分发出的平均减速度 /（$m \cdot s^{-2}$）	手操纵力 /N	脚操纵力 /N
乘用车	50	≤ 38.0	≥ 2.9	≤ 400	≤ 500
客车	30	≤ 18.0	≥ 2.5	≤ 600	≤ 700
其他汽车（三轮汽车除外）	30	≤ 20.0	≥ 2.2	≤ 600	≤ 700

表 4-7　驻车制动性能检验时操纵力

车辆类型	制动协调时间 /s
液压制动的汽车	≤ 0.35
气压制动的汽车	≤ 0.60
汽车列车和铰接客车、铰接无轨电车	≤ 0.80

任务评价

教师评价反馈	成绩：

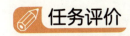

请实训指导教师检查本组任务完成情况，并针对实训过程中出现的问题提出改进措施及建议。

序号	评价标准	评价结果
1	检测前，规范完成仪器及车辆准备	
2	正确使用制动试验台，测量车辆行驶阻滞力大小	
3	正确操作车辆，测量最大制动力数值	
4	检测过程中，无安全事故	
5	检测后，恢复工位，进行5S	
综合评价	☆☆☆☆☆	
综合评语（作业问题及改进建议）		

自我评价反馈	成绩：

请根据自己在课堂中的实际表现进行自我反思和自我评价。

自我反思：____

____。

自我评价：____

____。

任务拓展

一、案例

2018 年 11 月 3 日晚，驾驶员李某驾驶辽 AK4481 号重型半挂载重牵引车，沿兰海高速公路由南向北行驶，经 17km 长下坡路段行驶至距兰州南收费站 50m 处，与 31 辆车连续相撞，造成特大道路交通事故。截至 4 日 5 时，事故已造成 15 人死亡、44 人受伤，其中重伤 10 人，31 车受损。现场如图 4-13 所示。

图 4-13　事故现场

2018 年 11 月 16 日，甘肃省公安厅关于兰州市“11·3”重大道路交通事故调查的情况通报发布，车主明知制动有问题却不修，驾驶员被批捕。

兰州市公安部门初查显示，驾驶员李某因频繁采取制动，导致车辆制动失效，经 17km 长下坡路段行驶至距兰州南收费站 50m 处与 31 辆车连续相撞。据悉，李某是第一次在该路段行驶，不了解路况，车辆失控后速度加快，李某惊慌失措，也没有找沿途避险车道，导致事故发生。

二、思想感悟

（1）汽车制动系统的好坏关系到汽车行驶的安全与否，因此汽车制动性能检测十分重要，作为汽车维修、检测人员，要确保车辆的各项性能符合标准要求，车辆能够安全上路行驶。

（2）作为汽车驾驶员，应该定期检查车辆的性能状态，特别是检查制动系统、转向系统、照明系统等对行车安全至关重要的系统，不能疏忽大意，让车辆“带病”行驶。

达标测试

一、填空题

1. 汽车的制动性主要从__________、__________和__________三个方面来评价。

2. 汽车在制动过程中有时出现__________、__________，而使汽车失去控制偏离原来的__________，甚至发生驶入对方车辆__________、下沟或__________等危险情况。

3. 影响汽车制动性的主要因素可以包括 4 个方面：__________、__________、__________和__________。

4. 汽车制动性的检测分为__________和__________。

二、选择题

1. 用制动距离检验行车制动性能时，乘用车的制动初速度应为（　　）km/h。

A. 30　　B. 40　　C. 50　　D. 60

2. 行车制动在产生最大制动作用时的踏板力，对于乘用车应不大于 500N，对于其他车辆应不大于（　　）N。

A. 400　　B. 600　　C. 700　　D. 800

3. 制动检验台每年必须通过（　　），合格后方可继续使用。

A. 自校　　B. 计量检定　　C. 维护　　D. 检修

4. 当滚筒直径增大时，两个滚筒间的中心距也需相应增大，才能保证（　　）。

A. 测试制动力　　B. 测试车速

C. 合适的安置角　　D. 改善与车轮间的附着情况

三、问答题

1. 简述汽车的制动性及其评价指标。

2. 从哪些方面可以改善汽车的制动性？

3. 平板式制动检验台的测试原理是怎样的？

模块五

汽车的操纵稳定性

知识结构

- 汽车的操纵稳定性
  - 汽车的操纵稳定性评价指标
    1. 汽车操纵稳定性定义与评价方法
    2. 轮胎的侧偏特性
    3. 汽车的稳态转向特性
    4. 影响汽车操纵稳定性的因素
  - 车辆侧滑的检测
    1. 双板联动侧滑检验台的结构及检测原理
    2. 单板侧滑检验台的结构及检测原理
    3. 侧滑检验台的操作步骤
       1. 检测前的准备工作
       2. 检测方法
       3. 使用注意事项
  - 车轮平衡的检测
    1. 车轮动平衡与动不平衡
    2. 动不平衡的原因
    3. 车轮不平衡的危害
    4. 车轮动平衡机的结构及使用方法
  - 车轮定位的检测
    1. 车轮定位
    2. 四轮定位仪的结构原理

知识单元　汽车的操纵稳定性评价指标

学习目标

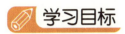

知识：1. 掌握汽车操纵稳定性的评价方法；
2. 认识轮胎的偏移特性；
3. 认识汽车的稳态转向特性；
4. 了解汽车行驶的不稳定现象；
5. 理解影响汽车操纵稳定性的因素。

素养：培养安全意识、责任意识和爱岗敬业精神。

知识储备

一、汽车操纵稳定性定义与评价方法

1. 汽车操纵稳定性定义

汽车操纵稳定性是指汽车在行驶过程中，能遵循驾驶员给定的行驶方向行驶，且受各种外部干扰尚能保持稳定行驶的能力。汽车的操纵稳定性包括操纵性和稳定性。汽车操纵性是指汽车能够确切地响应驾驶员转向指令的能力；而稳定性是指汽车抵抗外界干扰而保持稳定行驶的能力，或汽车受到外界扰动后恢复原来运动状态的能力。通常，汽车操纵性和稳定性两者关系密切，若汽车操纵性变坏，则汽车容易产生侧滑、翻车而失去稳定性；而汽车稳定性变坏，则汽车又难以操纵，直接影响操纵性。实际上两者难以截然分开，因此常统称为汽车的操纵稳定性。

2. 操纵稳定性的评价方法

采用主观评价和客观评价两种评价方法。主观评价通过驾驶员对汽车的各种驾驶工况的感觉进行评价。主观评价与驾驶员关系大，不同人评价结果差异大，且不能体现汽车结构与性能的关系。客观评价通过测量仪器对操纵稳定性的表征物理量，如车速、转角、转矩、横摆角速度、侧向加速度、侧偏角等进行测量，根据测量结果进行评价。客观评价方法与正常驾驶工况差异不同，不能真实完全体现操纵稳定性；但通过客观测量，能指导汽车设计，通过理论分析优化性能。

客观评价的方法是通过多年主观评价确定的开关测试方法，检测的物理量也是与主观评价项相关的物理量。主观评价与客观评价可综合辅助评价和确定操纵稳定性，最终以主观评价的结果为准。

二、轮胎的侧偏特性

轮胎侧偏特性主要是指侧偏力、回正力矩与侧偏角间的关系。汽车动力学的研究中必须考虑轮胎模型，轮胎侧偏特性是轮胎极其重要的特性，它是研究汽车操纵稳定性的基础。

1. 侧偏力产生原因

汽车在行驶过程中，由于路面的倾斜、侧向风或曲线行驶时的离心力等的作用，车轮中心沿 Y 轴方向将作用有侧向力 F_y，相应地在地面上产生地面侧向反作用力，也称为侧偏力。当有地面反作用力时，若车轮是刚性的，则可能发生两种情况：当地面侧向反作用力 F_y 未超过车轮与地面间的附着极限时，车轮与地面间没有滑动，车轮仍在其自身平面 cc 没运动；当地面侧向反作用力 F_y 达到车轮与地面间的附着极限时，车轮发生侧向滑动，若滑动速度为 Δv，车轮便沿合成速度 v' 的方向行驶，偏离 cc 平面。当车轮有侧向弹性时，即使 F_y 没有达到附着极限，车轮行驶方向亦将偏离车轮平面 cc，这就是轮胎的侧偏现象。

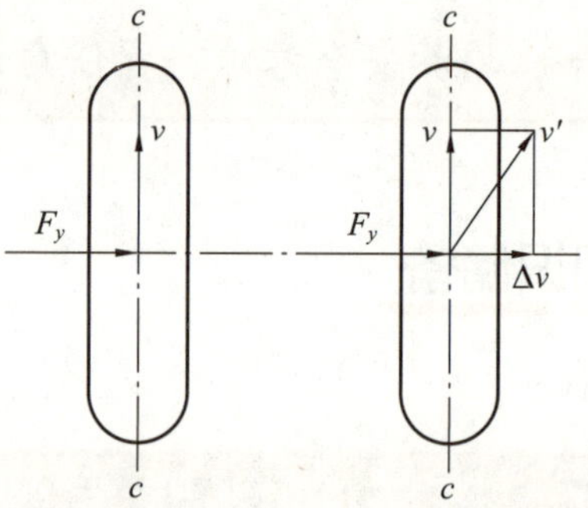

图 5-1　有侧偏力作用刚性轮胎的滚动

2. 侧偏角产生原因

为了说清楚出现侧偏角 α 的原因，下面具体分析车轮的滚动过程。在轮胎胎面中心线上标出 A_1、A_2、A_3…各点，随着车轮向前滚动，各点将依次落于地面上相应的 $\hat{A}_1$、$\hat{A}_2$、$\hat{A}_3$…各点上。在主视图上可以看出，靠近地面的胎面上，A_1、A_2、A_3…各点连线在靠近地面时逐渐变为一条斜线，因此它们落在地面相应各点 $\hat{A}_1$、$\hat{A}_2$、$\hat{A}_3$…的连线并不垂直于车轮旋转轴线，即与车轮平面 cc 有夹角 α。当轮胎与地面没有侧向滑动时，$\hat{A}_1$、$\hat{A}_2$、$\hat{A}_3$…的连线就是接地印迹的中心线，当然也是车轮滚动时在地面上留下的痕迹，即车轮并没有在车轮平面 cc 内向前滚动，而是沿着侧偏角 α 的方向滚动。显然，侧偏角 α 的数值与侧向力 F_y 的大小有关；换言之，侧偏角 α 的数值与侧偏力 F_y 的大小有关。

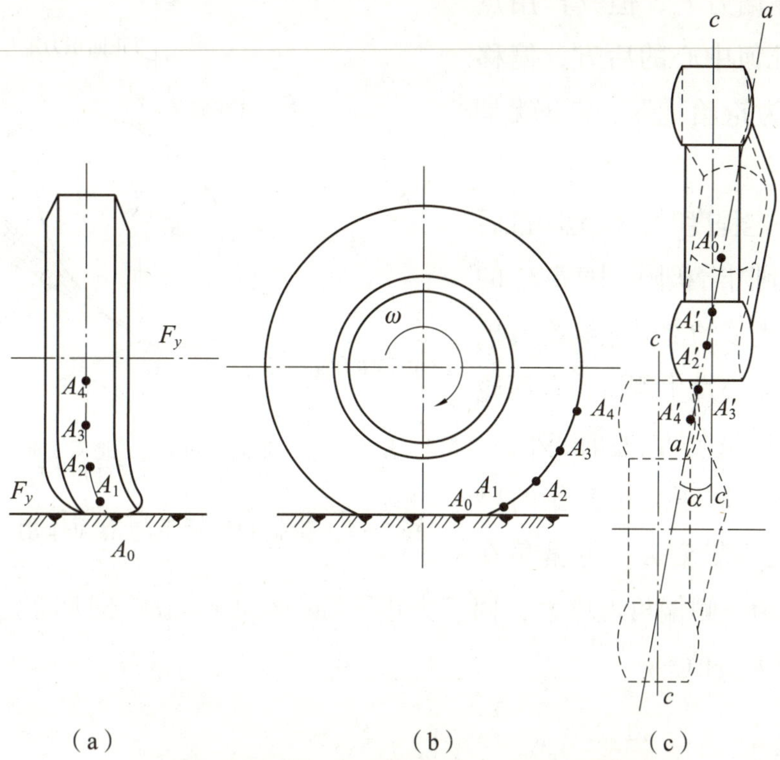

图 5–2　弹性车轮滚动时的侧偏现象

（a）主视图；（b）侧视图；（c）俯视图

3. 侧偏力与侧偏角的关系

图 5–3 给出了一条由试验测出的侧偏力 – 侧偏角曲线。曲线表明，侧偏角不超过 5° 时，与 α 呈线性关系。汽车正常行驶时，侧向加速度不超过 0.4*g*，侧偏角不超过 4° ~5°，可以认为侧偏角与侧偏力呈线性关系。F_y–α 曲线在 α=0° 处的斜率称为侧偏刚度 *k*，由轮胎坐标系有关符号规定可知，负的侧偏力产生正的侧偏角，因此侧偏刚度为负值。侧偏角不超过 4° ~5°，F_y 与 α 的关系式可写作 $F_y = k\alpha$。

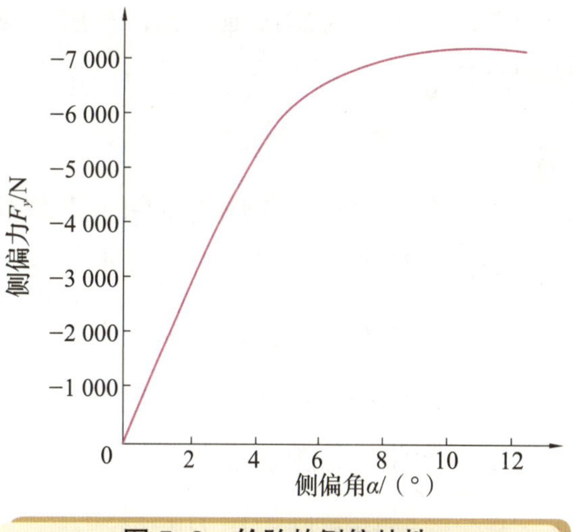

图 5–3　轮胎的侧偏特性

4. 回正力矩与侧偏角的关系

回正力矩是由接地面内分布的微元侧向反力产生的。车轮在静止时受到侧向力时，印迹长轴线 *aa* 与车轮平面 *cc* 平行，错开 Δ*h*，故可认为地面侧向反作用力沿 *aa* 线是均匀分布的。而车轮滚动时，印迹长轴线 *aa* 不仅与车轮平面错开了一定距离，而且转动了 α 角，因而印迹前端离车轮平面近，侧向变形小；印迹后端离车轮平面远，侧向变形大。可以认为，地面微元侧向反作用力的分布与变形成正比，故地面微元侧向反作用力的分布情况如图 5–4 所示，其合力就是侧偏力 F_y，但其作用点必然在接地印迹几何中心的后方，偏移某一距离 e。e 称为轮胎拖距，$F_y e$ 就是回正力矩 T_z。

在 F_y 增加到一定程度时，接地印迹后部的某些部分便达到附着极限，随着 F_y 的进一步加大，将有更多的部分达到附着极限，直到整个接地印迹发生侧滑，因而轮胎拖距会随着侧向力的增大而逐渐变小。

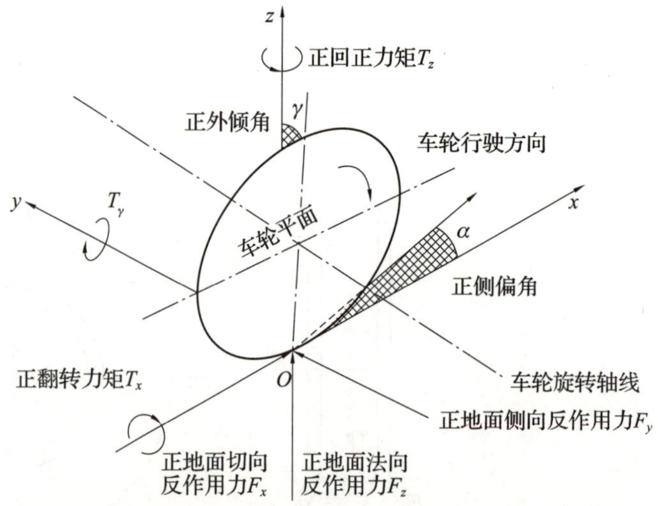

图 5-4 轮胎的坐标系与地面作用于轮胎的力和力矩

实验结果表明，回正力矩开始时随着侧偏角的增大而逐步变大，侧偏角在 4°~6° 时达到最大值；侧偏角再增大，回正力矩下降；在 10°~16° 时回正力矩为零；侧偏角再大，回正力矩成为负值。

5. 影响侧偏特性的因素

1）轮胎结构的影响

轮胎的尺寸、结构形式和结构参数对侧偏刚度有显著影响。尺寸较大的轮胎有较高的侧偏刚度。子午线轮胎接地面宽，一般侧偏刚度较高。钢丝子午线轮胎比尼龙子午线轮胎的侧偏刚度高。

2）垂直载荷的影响

垂直载荷增加，侧偏刚度随垂直载荷的增加而增加，但垂直载荷过大，轮胎产生很大的径向变形，侧偏刚度反而有所减小。

3）充气压力的影响

轮胎充气压力对侧偏刚度也有显著影响。气压增加，侧偏刚度增大；但若气压过高，刚度则不再变化。行驶速度对侧偏刚度的影响很小。

4）地面切向反作用力的影响

当有地面切向反作用力（制动力或驱动力）作用时，轮胎侧偏力的极限值会因此而下降；同样当有侧偏力存在时，无论是制动还是驱动，所能获得的切向反作用力的极限值（即纵向附着能力）也会下降。地面切向作用力越大，侧偏力的极限值越小；侧偏力越大，所能产生的切向反作用力的极限值就越小。

5）路面状况的影响

粗糙的路面使最大侧偏力增大；干路面的最大侧偏力比湿路面大；当路面有薄水，车速达到一定值时，会出现“滑水”现象而完全丧失侧偏力。此外，车轮外倾角也会对侧偏特性产生影响。当车轮外倾角为正时，有助于减小侧偏角；当车轮外倾角为负时，侧偏角会加大。

三、汽车的稳态转向特性

汽车的稳态转向特性可以分为三类：不足转向（推头）、中性转向（精准）、过度转向（甩尾）。汽车从直线行驶的一种稳态过渡到转向行驶响应特性的过程就叫车辆瞬态响应。前面说的这三种不同的转向特性在汽车上具有如下行驶特点：

1. 稳态特性

在转向盘保持一个固定转角下，缓慢加速或以不同车速等速行驶时，随着车速增加，车辆开始逐渐表现出三种特性（见图 5–5）：不足转向特性的汽车转弯半径会越来越大；中性转向特性的汽车转弯半径会保持不变；过度转向特性的汽车转弯半径会越来越小。

图 5–5 中的这个 k 值，在学术上称作“稳定性因数”。k 值与其他车辆变量存在以下关系：

$$K=\frac{m}{L^2}\left(\frac{a}{k_2}-\frac{b}{k_1}\right)$$

式中　L——汽车的轴距；

m——汽车的质量；

k——侧偏刚度（$F=k\alpha$，其中的 F 为车轮的侧偏力，α 为轮胎的侧偏角）；

a——质心与前轴间的距离；

b——质心与后轴间的距离。

不同状况下的转向特性分析如图 5–6 所示。

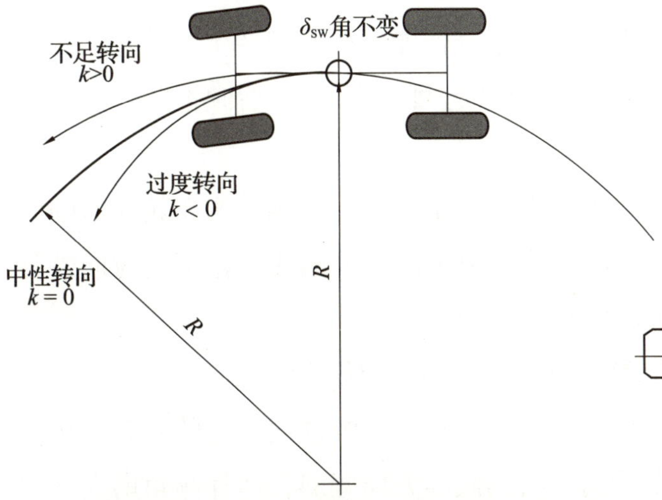

图 5–5　不同状况下的转向特性

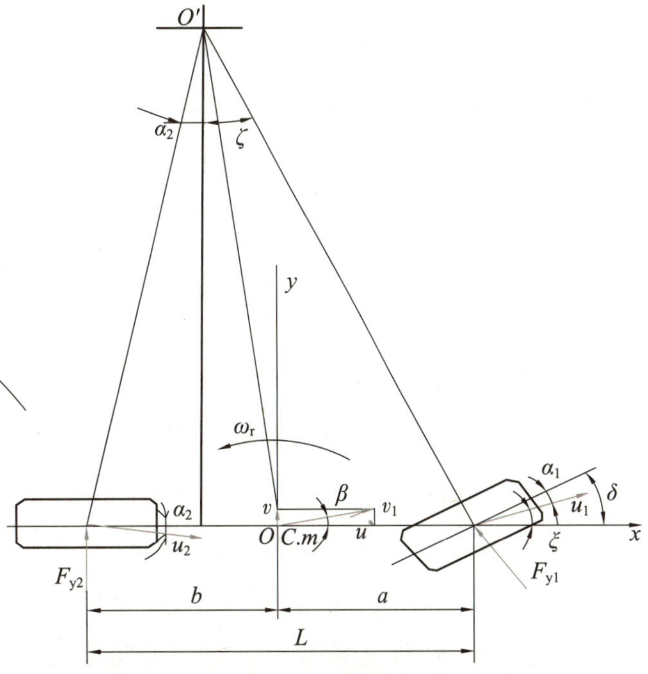

图 5–6　不同状况下的转向特性分析

2. 瞬态特性

瞬态特性是另一个与汽车操纵稳定性息息相关的特性，它反映的是驾驶员在转动转向盘的那一瞬间车辆的运动特性。通常来说会通过转向盘阶跃输入下的瞬态响应来表征汽车的操纵稳定性。无论我们驾驶何种车辆，在转动方向的那一瞬间，车辆并不是一瞬间达到转向角度的，它需要经历一个过程才能达到。我们将这个时间称为“反应时间”，与之对应的车辆运动变化则引用“横摆角速度”进行衡量。

四、影响汽车操纵稳定性的因素

影响汽车操纵稳定性的因素有许多，主要因素包括行驶系统、转向系统及制动系统等。

1. 行驶系统的影响

1）前轮定位参数、后悬架结构参数及横向稳定杆的影响

前轮定位参数包括前轮外倾角、主销后倾角、主销内倾角和前轮前束。

前轮外倾角指前轮中心线与地面垂直线所成的夹角。前轮外倾角一般在1° ~2.5°。它的作用主要是当汽车行驶时，将轮鼓压向内轴承，而减轻外端较小的轴承载荷，同时可以防止因前轴变形和主销孔与主销间隙过大引起前轮内倾，减轻轮胎着地及主销轴线与地面交点间的距离，从而使转向轻便。

主销后倾角是指主销轴线与前轮中心的垂线之间形成的夹角。主销后倾角对汽车操纵稳定性的影响主要通过“后倾拖距”使地面侧向力对轮胎产生一个回正力矩，该力矩产生一个与轮胎侧偏角相似的附加转向角，它与侧向力成正比，使汽车趋于增加不足转向，有利于改善汽车的稳态转向特性。若主销后倾角减小，回正力矩变小，当地面对转向轮的干扰力矩大于转向轮的回正力矩时，就会产生摆振。

主销内倾角是指主销轴线与地面垂线之间形成的夹角。主销内倾角对操纵稳定性的影响主要是回正力矩，它可在前轮转动时将车身抬高，由于系统位能的提高而产生的前轮回正力矩与侧向力无关。因此可以说，主销内倾角主要在低速时起回正作用，“后倾拖距”主要在高速时起回正作用。

前轮前束指汽车转向的前端向内收使两前轮的前端距离小于后端距离。两车轮前后的距离之差，称为前束值，一般不大于12mm。其作用是消除由于前轮外倾使车轮滚动时向外分开，引起车轮滚动时边滚边拖的现象，引导前轮沿直线行驶。

前悬架导向机构的几何参数决定前轮定位参数的变化趋势和变化率。在车轮跳动时，外倾角的变化包括由车身侧倾产生的车轮外倾变化和车轮相对车身的跳动而引起的外倾变化两部分。在双横臂独立悬架中，前一种变化使车轮向车身侧倾的方向倾斜，即外倾角增大，结

果使轮胎侧偏刚度变小，因而使整车不足转向效果加大；后一种变化取决于悬架上下臂运动的几何关系，在双横臂结构中，往往是外倾角随弹簧压缩行程的增大而减小，这种变化与车身侧倾引起的外倾角变化相反，会产生过度转向趋势。

后悬架结构参数对汽车操纵稳定性的影响，近似于前悬架的“干涉转向”。它是在汽车转向时，由于车身侧倾导致独立悬架的左、右车轮相对车身的距离发生变化，外侧车轮上跳，与车身的距离缩短，内侧车轮下拉，与车身的距离加大。悬架的结构参数不同，车轮上下跳动时，车轮前束角的变化规律也必然会不同。

主销内倾角与后倾角由结构决定，在调整时难以改变。调整时主要调整前轮外倾及前轮前束。前轮外倾随负荷的变化而变化。当车辆转向时，在离心力作用下，车身向外倾斜，外轮悬架处于压缩状态，车轮外倾角逐渐减小向负外倾变化；内轮悬架处于伸张状态，使得本来对道路向负外倾变化的外倾角减弱，从而提高车轮承受侧向力的能力，使汽车转向时的稳定性大为提高。

前轮前束不可过大，若前束过大，车轮外倾角、主销后倾角变小，会使前轮出现摆头现象，行驶中有“蛇行”，转向操作不稳。

横向稳定杆常用来提高悬架的侧倾角刚度，或是调整前、后悬架侧倾角刚度的比值。在汽车转弯时，它可以防止车身产生很大的横向侧倾和横向角振动，以保证汽车具有良好的行驶稳定性。提高横向稳定杆的刚度后，前悬架的侧倾角刚度增加，转向时左右轮负荷变化加大，前轴的每个车轮的平均侧偏刚度减小，汽车不足转向量有所增加。前悬架中采用较硬的横向稳定杆有助于提高汽车的不足转向性并能改善汽车的“蛇行”行驶性能。

2）轮胎的影响

轮胎是影响汽车操纵稳定性的一个重要因素，增大轮胎的载荷能力，特别是后轮胎的载荷能力，例如，加大轮胎尺寸或提高层级，或者后轮由单胎改为双胎，都会改善汽车的稳态转向特性。改变后轮胎的外倾角，也可以改善汽车的操纵稳定性，这是因为后轮胎的负外倾角可以增加后轮胎的侧偏刚度，从而减小过多转向度。

3）前轴或车架变形导致汽车操纵失稳

由于车架是汽车的基础，它的变形会直接影响各部件的连接及配合，从而直接影响操纵稳定性。如果汽车前轴变形，就会改变主销孔的轴线位置，使主销内倾角变大，则外倾角变小；反之，内倾角变小，外倾角变大，从而行驶时会产生转向沉重、磨胎及无法自动回正等现象。

4）悬架和减振器的影响

悬架的作用是把车架与汽车前、后桥连接在一起，并使车轮在行驶中所承受的冲击力不直接影响到车架，以免引起车身的剧烈振动而加速机件的损坏。减振器的作用是当钢板弹簧变形时，能迅速削弱其振动，使汽车平稳行驶。如果悬架出现故障，如钢板弹簧刚度不一、减振器失效，则会出现前轮摆头或行驶跑偏，严重影响操纵稳定性。

2. 转向系统的影响

1）转向器的影响

汽车行驶时，驾驶员对汽车行驶方向的改变是通过操纵转向盘来实现的，转向盘的性能直接影响汽车的操纵性。转向器常见的故障有游隙过大和转向沉重。转向器游隙过大会造成前轮摆头现象。转向器游隙过大的原因是：转向器蜗杆轴上下轴承间隙过大，摆臂轴上的双销与蜗杆啮合间隙过大，转向垂臂轴紧固螺栓松动。转向沉重会使操纵系统不易控制。造成转向沉重的原因是：转向器缺油，转向轴因弯曲或轴管瘪而互相碰擦，转向摇臂轴与衬套配合间隙过小，蜗杆与滚轮传动副啮合间隙过小，转向器蜗杆上下轴承调整过紧或轴承损坏。

2）转向传动机构的影响

转向传动机构将转向器传来的力经该机构传向车轮，并使左右转向轮同时朝一个方向偏转一个角度，以保证实现汽车转向。转向传动机构由转向垂臂、转向纵拉杆、转向节臂、梯形臂、转向横拉杆及球头销等组成。传动机构出现故障会使汽车失去控制，造成交通事故。常见的故障有转向拉杆球头销装配不适（过紧或松旷）、转向节主销与衬套配合不符合标准、转向节止推轴承间隙不符合标准，间隙过大会导致汽车中速摆头，而配合过紧或缺油会使汽车转向沉重。

3. 制动系统的影响

1）汽车操纵性的影响

制动鼓失圆，产生的离心力随车轮转速的提高而急剧增大，从而使汽车高速摆振；而制动盘端面圆跳动过大时，随着汽车的行驶，制动块周期性地碰撞制动盘，使制动盘振动，且其振动频率随车速的增加而提高。当制动盘的振动频率与悬架转向系统的固有频率相符时，转向盘发生严重抖动。

2）制动间隙的影响

制动间隙不合适，会使汽车制动时发生跑偏，汽车向制动间隙小的一侧跑偏，从而影响操纵稳定性。

3）前后轮抱死的次序对稳定性的影响

紧急制动时，如果汽车后轮制动抱死，汽车后轴将产生严重侧滑，失去操纵稳定性；前轮抱死，汽车又失去转向能力。因此，汽车应安装制动防抱死装置（ABS），若无ABS，尽量采用点刹制动，效果更好。

任务一　车辆侧滑的检测

学习目标

知识：1. 能够分析侧滑产生的原因；
　　　2. 了解侧滑检验台结构和工作原理。
技能：1. 学会使用车辆侧滑的检测设备；
　　　2. 学会检测车辆侧滑并分析数据。
素养：具备安全、规范操作的素养。

任务分析

侧滑是指由于前束与车轮外倾角配合不当，在汽车行驶过程中，车轮与地面之间产生一种相互作用力，这种作用力垂直于汽车行驶方向，使轮胎处于边滚边滑的状态，它使汽车的操纵稳定性变差，增加油耗和加速轮胎的磨损。如果让汽车驶过可以在横向自由滑动的滑板，由于存在上述作用力，将使滑板产生侧向滑动。检验汽车的侧滑量，可以判断汽车前轮前束和外倾这两个参数配合是否恰当，而并不测量这两个参数的具体数值。

任务准备

准备项目	准备内容
防护用品准备	车辆保护套、车内五件套、工作服等
场地准备	台架检验场地
工具、设备、材料准备	实训车、侧滑检验台、汽车维修通用工具

一、双板联动侧滑检验台的结构及检测原理

1. 双板联动侧滑检验台的结构

双板联动侧滑检验台主要由机械和电气两部分组成。机械部分主要由两块滑板、联动机构、

回零机构、滚轮及导向机构、限位装置及锁零机构组成，电气部分包括位移传感器和电气仪表。

1）机械部分

如图 5-7 所示，在侧滑检验台上，左右两块滑板分别支撑在各自的 4 个滚轮上，每块滑板与其连接的导向轴承在轨道内滚动，保证了滑板只能沿左右方向滑动而限制了其纵向运动。两块滑板通过中间的联动机构连接起来，从而保证两块滑板可同时向内或向外运动。相应的位移量通过位移传感器转变成电信号传入仪表。回零机构可保证汽车前轮通过后滑板能够自动回零。限位装置可限制滑板过分移动而超出传感器的允许范围，起保护传感器的作用。锁零机构能在设备空闲或设备运输时保护传感器。润滑机构能够保证滑板轻便自如地移动。

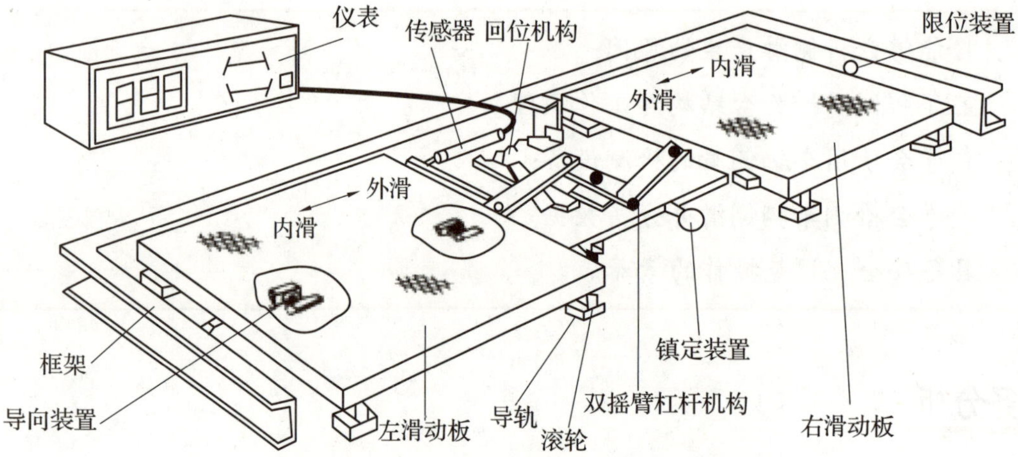

图 5-7 侧滑检验台的结构示意图

2）电气部分

电气部分按传感器种类的不同而有所区别，目前常用的位移传感器有电位计式和差动变压器式两种。

（1）电位计式测量装置。它的工作原理非常简单，将一个可调电阻安装在侧滑检验台的底座上，其活动触点通过传动机构与滑板相连，电位计两端输入一个固定电压（如 5V），中间触点随着滑板的内外移动发生变化，输出电压也随之在 0~5V 变化，并把 2.5V 左右的位置作为侧滑检验台的零点。如果滑板向外移动，输出电压大于 2.5V，达到外侧极限位置时输出电压为 5V；如果滑板向内移动，输出电压小于 2.5V，达到内侧极限位置时输出电压为 0。这样仪表就可以通过 A/D 转换将侧滑传感器的电压转换成数字量，并输入单片机进行处理，最终测得侧滑量的大小。

（2）差动变压器式测量装置。它的工作原理与电位计式类似，只是电位计式输出的是正电压信号，而差动变压器式输出的是正、负两种信号。使用时，把电压为 0 时的位置作为零点。滑板向外移动输出一个大于 0 的正电压，向内移动输出一个小于 0 的负电压。同样，仪表就可以通过 A/D 转换将侧滑传感器电压转换成数字量，并输入单片机进行处理，最终测得侧滑量的大小。指示仪表可分为数字式和指针式两种。目前，检测站普遍使用的是数字式仪表。

3）释放板的作用

《机动车安全检验项目和方法》（GB 21861—2014）要求侧滑检验台应具备车轮应力释放功能。车轮在驶入侧滑检验台前，由于车轮侧滑量的作用，车轮与地面间接触产生的横向应力迫使车轮产生变形，在驶上侧滑板的瞬间将迅速释放并引起因滑板移动量大于实际侧滑量而导致的位移；在驶出侧滑板的瞬间已接触地面的轮胎将积聚应力阻碍侧滑板移动，从而使侧滑板位移量小于实际值。为克服这一问题，近年来陆续出现了前后带应力释放板的侧滑检验台，以保证车轮通过中间滑板（带侧滑量检测传感器）时能准确测量。由于进车时的应力释放对侧滑测量造成的影响比出车时大得多，考虑到成本因素，目前在进车方向设置释放板的侧滑检验台较为多见。

2. 双板联动侧滑检验台的检测原理

侧滑一般是指车轮在前进过程中的横向滑移现象，它既可能是由车轮定位不合适引起的，也可能是由紧急制动时车轮“抱死”造成的。下文中我们将详细介绍使用双板联动侧滑检验台检测侧滑量的方法。

1）侧滑板仅受到车轮外倾角的作用

这里以右前轮为例，先讨论只存在车轮外倾角（前束角为零）的情况。具有外倾角的车轮，其中心线的延长线必定与地面在一定距离处有一个交点 O，此时的车轮相当于一个圆体的一部分，如图 5-8 所示，当车轮向前或向后运动时，其运动形式均类似于滚锥。

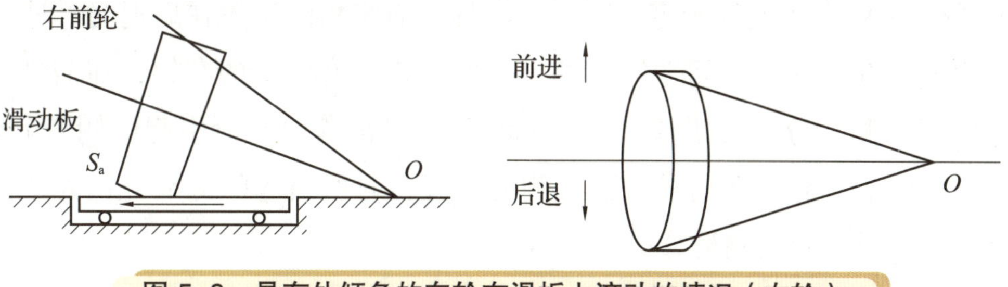

图 5-8 具有外倾角的车轮在滑板上滚动的情况（右轮）

从图 5-8 中可以看出，具有外倾角的车轮在滑动板上滚动时，车轮有向外侧滚动的趋势，但由于受到车桥的约束，车轮不可能向外移动，因而通过车轮与滑动板间的附着作用带动滑动板向内运动，运动方向如图 5-8 所示。此时，滑动板向内移动的位移量记为 S_a（由外倾角所引起的侧滑分量）。按照约定，具有外倾角的车轮，由于它类似于滚锥的运动情况，因而无论前进还是后退，它所引起的侧滑分量均为负；反之，内倾车轮引起的侧滑分量均为正。

2）滑动板仅受到车轮前束的作用

这里仅讨论车轮只存在前束角而外倾角为零时的情况。前束是为了消除具有外倾角的车轮所做的类似于滚锥运动所带来的不良后果而设计的。当具有前束的车轮在前进时，车轮有向内滚动的趋势，但由于受到车桥的约束作用，在实际前进驶过侧滑检验台时，车轮不可能向内侧滚动，因而会通过车轮与滑动板间的附着作用带动滑动板向外侧运动。此时，车轮在滑动板上做纯滚动，滑动板相对于地面有侧向移动，其运动方向如图 5-9 所示。此时测得的滑动板的横向位移量记为 S_t（由前束所引起的侧滑分量）。遵照约定，前进时，由车轮前束引起的侧滑分量 S_t 大于或等于零。反之，仅具有前张角的车轮在前进时，由车轮前张（负前束）引起的侧滑分量 S_t 小于或等于零。

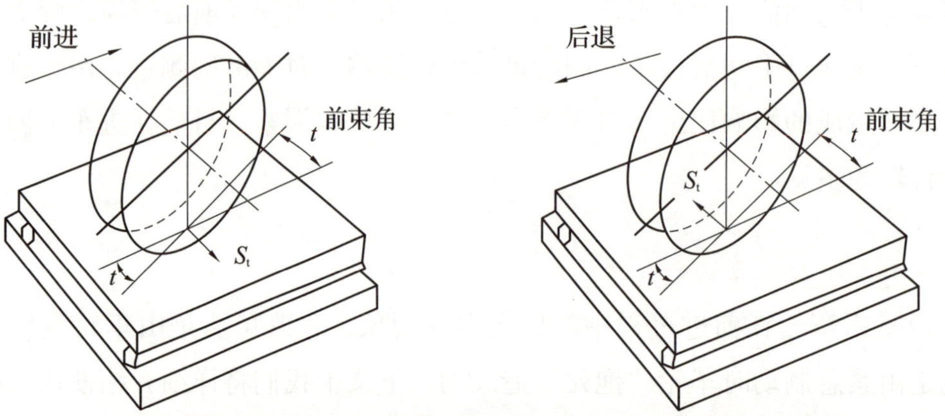

图 5-9　具有前束的车轮在滑板上滚动的情况（右轮）

当具有前束的车轮后退时，若在无任何约束的情况下，车轮必定向外侧滚动，但由于受到车桥的约束作用，虽然它存在着向外滚动的趋势，但不可能向外侧滚动，因而会通过它与滑动板间的附着作用带动滑动板向内侧移动，它的运动方向如图 5-6 所示。此时测得的滑动板向内的位移记为 S_t。遵照约定，仅具有前束角的车轮在后退时，通过侧滑检验台所引起的侧滑分量 S_t 小于或等于零；反之，仅具有前张角的车轮在后退时，通过侧滑检验台所引起的侧滑分量 S_t 大于或等于零。综上可知，仅具有前束的车轮，在前进时驶过侧滑检验台时所引起的侧滑分量为正值，在后退时驶过侧滑检验台所引起的侧滑分量为负值；反之，仅具有前张的车轮，在前进时驶过侧滑检验台时所引起的侧滑分量为负值，在后退时驶过侧滑检验台所引起的侧滑分量为正值。

3）滑动板受到车轮外倾角和前束角的同时作用

若汽车转向轮同时具有外倾角和前束角，在前进时由外倾所引起的侧滑分量 S_a 与由前束所引起的侧滑分量 S_t 的方向相反，因而两者相互抵消；在后退时两者方向相同，两分量相互叠加。在外倾角及前束值不大的情况下，可以认为 S_a 和 S_t 在前进和后退的过程中，侧滑分量数值不变。设车轮在前进时通过侧滑检验台所产生的侧滑量为 A，在后退时的侧滑量为 B，则可得到下述结论（在遵循上述侧滑量约定的条件下）：当车轮存在外倾角和前束角时，B 不小于零，且 B 不小于 A 的绝对值。另外，若假设前进时的侧滑量是 S_a 和 S_t 的简单叠加（或抵消）关系，则还可以得出下列结论。

（1）若前进时的侧滑量 A 大于一定的正数，后退时的侧滑量 B 大于另一正数，则侧滑量主要是由外倾引起的。

（2）若前进时的侧滑量 A 小于一定的负数，后退时的侧滑量 B 大于另一正数，则侧滑量主要是由前束引起的。

（3）外倾角引起的侧滑量：$S_a=(A+B)/2$。

（4）前束引起的侧滑量：$S_t=(A-B)/2$。

遵循上述分析和讨论，我们可以得到其余三种组合情况下侧滑检验台台板的运动规律，并可通过车轮外倾、车轮内倾、车轮前束和前张 4 个因素判断引起车轮侧滑故障的主要原因，从而可有效地指导维修人员调整车轮前束及车轮外倾角。

二、单板侧滑检验台的结构及检测原理

1. 单板侧滑检验台的结构

单板侧滑检验台主要由底板、滑动板、引板（根据情况选配）导向轴承、复位弹簧及调整螺丝等组成，如图 5-10 所示。在机架底板中间位置固定一个位移传感器，通过上滑板的顶块进行位移量传递，并将位移量转变成电信号，输入计算机信号采集系统进行处理。

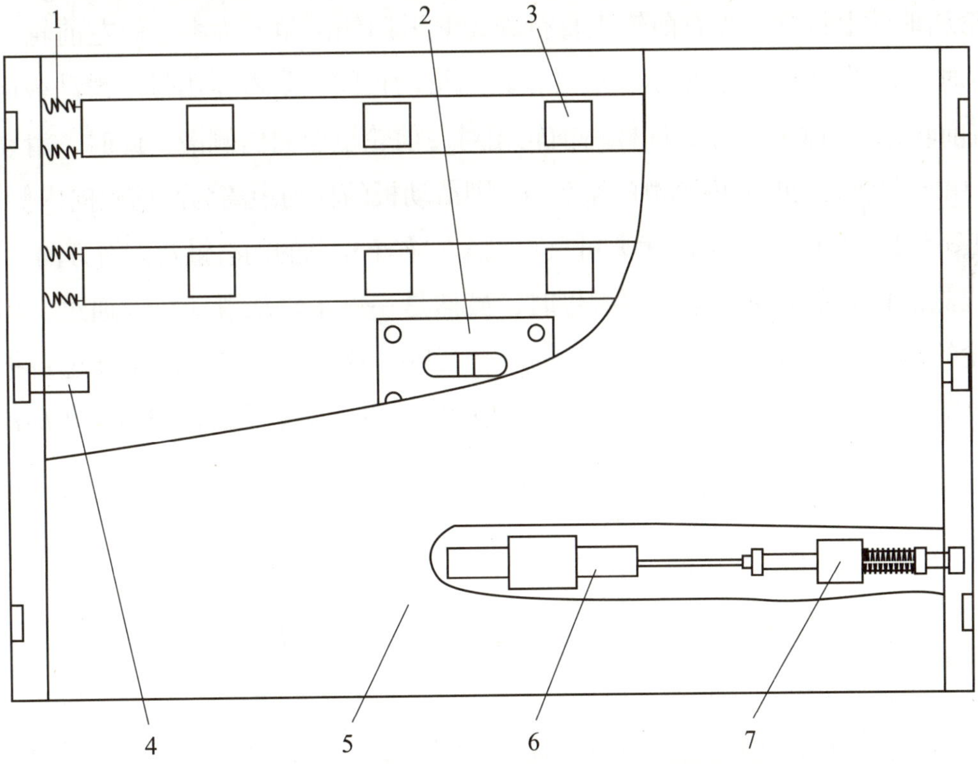

图 5-10　单板侧滑检验台

1—滚珠架复位弹簧；2—滑动板回位机构；3—滚珠；4—防侧翻定位销；5—滑动板；6—位移量传感器；7—传感器调整装置

电气部分的工作原理按传感器种类的不同而有所区别。目前，常用的位移传感器有电位计式和差动变压器式两种。

1）电位计式测量装置

它的工作原理非常简单，将一个可调电阻安装在侧滑检验台底座上，其活动触点通过传动机构与滑板相连，在电位计两端输入一个固定电压（如5V），中间触点随着滑板的内外移动也会发生变化，输出电压也随之在0~5V变化。通常把2.5V左右的位置作为侧滑检验台的零点，如果滑板向外移动，输出电压大于2.5V，达到外侧极限位置时的输出电压为5V；如果滑板向内移动，输出电压小于2.5V，达到内侧极限时的输出电压为0。这样仪表就可以通过A/D转换将侧滑传感器的电压转换成数字量，并输入单片机进行处理，最终得出侧滑量的大小。

2）差动变压器式测量装置

它的工作原理与电位计式类似，只是电位计式输出一个正电压信号，而差动变压器式输出正、负两种信号。通常把电压为0时的位置作为零点。滑板向外移动时输出一个大于0的正电压，向内移动时输出一个小于0的负电压。同样，仪表可以通过A/D转换将侧滑传感器电压转换成数字量，并输入单片机进行处理，最终得出侧滑量的大小。

2 单板侧滑检验台的检测原理

单板侧滑检验台仅用一块滑板，其测量原理如图5-11所示。汽车左前轮从单滑动板上通过，右前轮从地面上行驶。当右前轮正直行驶无侧滑即侧滑角β为零，而左前轮具有侧滑角α向内侧滑时，如图5-11（a）所示，通过车轮与滑动板间的附着作用带动滑动板向左移动距离b。若右前轮也具有侧滑角β，同样右前轮相对左前轮也会向内侧滑，此时，滑动板向左移动距离c，由于左前轮同时向内侧滑的量为b，则滑动板的移动距离为两前轮向内侧滑量之和，即$b+c$，如图5-11（b）所示。$b+c$距离可反映汽车左右车轮总的侧滑量及侧滑方向。也就是说，采用单板式侧滑检验台测量汽车的侧滑量时，虽然是一侧车轮从滑动板上通过，但测量的结果并非单轮的侧滑量，而是左右轮侧滑量的综合反映。这个侧滑量与汽车驶过台板时的偏斜度无关。根据这一侧滑量可以计算出每一边车轮的侧滑量，即单轮的侧滑量为（$b+c$）/2。

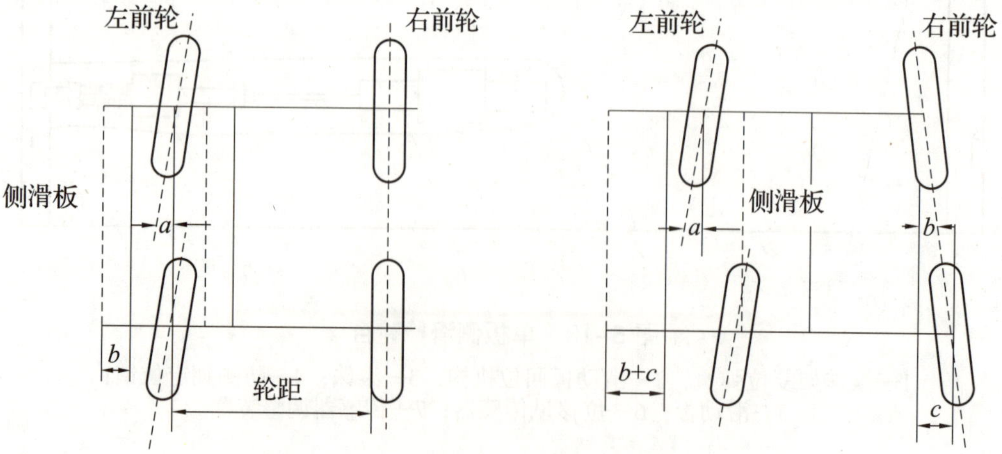

（a）　　（a）

图5-11　单滑板侧滑检验台的测量原理

任务实施

侧滑检验台的操作步骤

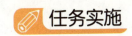

前轮侧滑量若在允许的范围，对车辆使用没有大的影响，但侧滑量过大时，危害很大。汽车前轮侧滑的检测是通过侧滑检测仪进行的，按照 GB 7257—1997《机动车运行安全技术条件》中的有关规定进行判断，要求车辆前轮侧滑不大于 5m/km。

操作步骤：

1. 检测前的准备工作

（1）轮胎气压应符合汽车制造厂的规定。

（2）清理干净轮胎上粘有的油污、泥土、水或花纹沟槽内嵌有的石子。

（3）连好接线打开电源开关后，检查指针式仪表的指针是否在机械零点上，并视必要进行调整；或查看数码管是否亮度正常并都在零位上。

（4）报警装置在规定值时应能发出报警信号，否则视需要进行调整或修理。

（5）侧滑检验台上表面及其周围如有油污、泥土、砂石及水等应予清除。

（6）打开侧滑检验台的锁止装置，滑动板在外力作用下应能左右滑动自如，撤掉外力后回到原始位置，且指示装置指在零点。

2. 检测方法

（1）汽车以 3~5km/h 的速度对正侧滑板驶向侧滑检验台，使被测车轮（前轮或后轮）平稳通过滑板。

（2）当被测车轮完全通过滑板后，从指示装置上观察侧滑方向并读取、打印最大侧滑量。

（3）检测结束后，切断电源并锁止滑动板。

（4）当前轮通过侧滑检测仪时滑板向外移动（侧滑为正），表明车轮前束太大或负外倾太大；若滑板向内移动（侧滑为负），表明车轮外倾太大或负前束太大；若滑板不移动，表明车轮没有侧滑量，则前束与外倾配合恰到好处。

3. 使用注意事项

（1）不允许超过检验台允许轴荷的车辆通过侧滑检验台。

（2）车辆在侧滑检验台上检测时禁止转向或制动。

（3）保持侧滑检验台内外及周围环境清洁。

（4）检测时车速一定要控制在规定的范围内，并使前轮平稳通过侧滑检测仪。

任务拓展

一、案例

行驶的汽车因制动、转动惯性和其他原因，引发某一轴的车轮或两轴的车轮出现横向移动（即向侧面发生甩动）的现象，称为侧滑。据对驾驶员负主要责任的交通死亡事故的统计，因后轮侧滑而引发的事故占40%，对此，提醒驾驶员一定要注意安全，汽车侧滑必须引起高度重视。

二、感悟

作为专业人员，除了自己要注意还要积极向家人、朋友宣传，更要认真耐心向广大客户普及相关知识，尤其是在检测出其车辆存在侧滑问题时。行车安全人人有责，避免意外，幸福万家。

任务评价

教师评价反馈	成绩：

请实训指导教师检查本组任务完成情况，并针对实训过程中出现的问题提出改进措施及建议。

序号	评价标准	评价结果
1	完成检测作业前车辆的轮胎清洁检查和胎压的确认	
2	检查、准备好场地和设备	
3	指挥车辆按规定速度顺利通过检测设备	
4	准确记录和打印检测结果	
5	能够对检测数据进行分析	
6	清洁场地，清洁、整理设备工具	
7	积极向身边人宣传正确的养车、用车知识	
综合评价	☆☆☆☆☆	
综合评语（作业问题及改进建议）		

自我评价反馈	成绩：

请根据自己在课堂中的实际表现进行自我反思和自我评价。

自我反思：____。

自我评价：____。

达标测试

一、填空题

1. 由汽车的纵向稳定性可知，汽车重心离后轴的距离__________，汽车重心高度__________，则汽车纵向稳定性越好。

2. 汽车的纵向稳定条件是__________；汽车的侧向稳定条件是__________。

3. 具有不足转向特性的汽车，其转向半径__________，同样条件下的转向半径，故称为不足转向。

二、选择题

1. 转向车轮不平衡质量在高速旋转时所形成的不平衡力将牵动转向车轮左右摆动，影响汽车的（　　）。

A. 转向特性　　B. 操纵稳定性　　C. 机动性　　D. 通过性

2. 如果汽车只是前轮换用扁平率小的轮胎，有使汽车产生（　　）转向特性的倾向。

A. 不足转向　　B. 中性转向　　C. 过度转向　　D. 瞬态转向

三、问答题

1. 影响侧偏特性的因素有哪些？

2. 引起车辆低速摆头的原因有哪些？

任务二　车轮平衡的检测

学习目标

知识：1. 了解车轮不平衡的危害及影响因素；

2. 了解车轮平衡仪的种类和结构；

3. 掌握车轮平衡仪的使用方法；

4. 能够完成车轮动平衡的检测与调整。

素养：培育爱岗敬业的责任心和爱护环境的意识。

任务分析

随着道路条件的改善和汽车技术水平的提高，汽车行驶速度越来越快，车轮不平衡对汽车性能会产生巨大的影响。由于车轮不平衡质量产生的不平衡力的大小和方向在不断变化，一方面会使整车有上下跳动的趋势，引起垂直方向的振动，影响汽车行驶平顺性；另一方面会引起转向轮横向摆动，影响汽车操纵稳定性和行驶安全。车轮不平衡还会加剧轮胎、转向机构、行驶系统及传动系统零部件的冲击和磨损，缩短其使用寿命。因此，在汽车正常使用一定时间后，尤其是在对轮胎、轮辋进行了修补、修复或更换新轮胎后，一定要对车轮进行动平衡检测，测定不平衡质量的大小和相位，并进行校正。

知识储备

一、车轮动平衡与动不平衡

在图 5-12（a）中，车轮是静平衡的，在该车轮旋转轴线的径向反位置上，各有一作用半径、质量相同的不平衡点 m_1 与 m_2，且不处于同一平面内。对于这样的车轮，其不平衡点的离心力合力为零，但离心力的合力矩不为零，转动中产生方向反复变动的力偶 M，使车轮处于动不平衡中。动不平衡的前轮绕主销摆动。如果在 m_1 与 m_2 同一作用半径的相反方向上配置相同质量 m'_1 与 m'_2，则车轮处于动平衡中，如图 5-12（b）所示。动平衡的车轮肯定是静平衡的，因此对车轮主要应进行动不平衡检测。

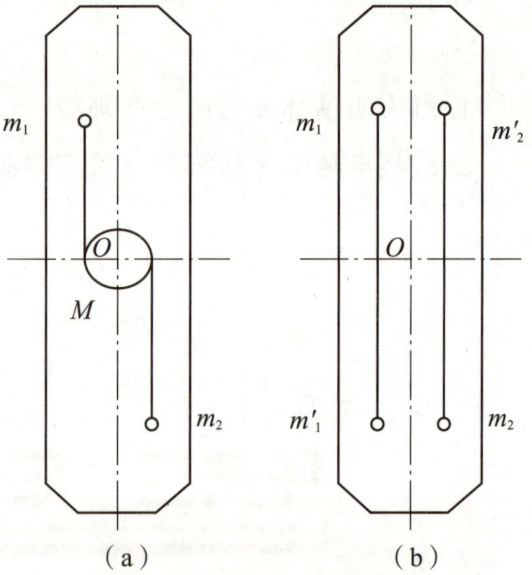

图 5-12　车轮平衡示意图

二、动不平衡的原因

（1）轮鼓、制动鼓（盘）加工时定心定位不准，加工误差大，非加工面铸造误差大，热处理变形，使用中变形或磨损不均。

（2）轮胎螺栓质量不等，轮辋质量分布不均或径向圆跳动，端面圆跳动太大。

（3）轮胎质量分布不均，尺寸或形状误差太大，使用中变形或磨损不均，使用翻新胎或补胎。

（4）双胎的充气嘴未相隔 180° 安装，单胎的充气嘴未与不平衡点标记（经过平衡试验的新轮胎，往往在胎侧标有红、黄、白或浅蓝色的□、△、○或◇符号，用来表示不平衡点位置）相隔 180° 安装。

（5）轮鼓、制动鼓（盘）、轮胎螺栓、轮辋、内胎、衬带、轮胎等拆卸后重新组装成车轮时，累计的不平衡质量或形位偏差太大，破坏了原来的平衡。

三、车轮不平衡的危害

汽车的车轮是由轮胎、轮鼓组成的一个整体。但由于制造上的原因，这个整体各部分的质量分布不可能绝对均匀。当汽车车轮高速旋转后，就会形成动不平衡状态，导致车辆在行驶中出现车轮抖动、转向盘振动的现象。长期下去，导致轮胎偏磨，影响轮胎寿命和行驶安全。严重的话，可能会对悬架、轴承等造成影响。为了避免这种现象或消除已经出现的这种现象，就要使车轮在动态情况下通过增加平衡重的方法，校正各边缘部分的平衡。这个校正的过程就是人们常说的动平衡。

四、车轮动平衡机的结构及使用方法

车轮平衡机也称为车轮平衡仪，用来检测车轮的平衡度。车轮平衡机按功能可分为车轮静平衡机和车轮动平衡机两类，按测量方式可分为离车式车轮平衡机和就车式车轮平衡机两类，按车轮平衡机转轴的形式可分为软式车轮平衡机和硬式车轮平衡机两类。使用离车式车轮平衡机时，将车轮从车上拆下安装到车轮平衡机的转轴上检测其平衡状况。就车式车轮平衡机既可进行静平衡试验，又可进行动平衡试验。本项目介绍离车式车轮平衡机的结构与使用方法。

1. 离车式车轮平衡机的结构

离车式车轮平衡机按动平衡原理工作，既可用于检测不平衡力，也可用于测定不平衡力矩。在进行平衡操作时，只要将被测车轮的轮辋直径和轮胎宽度以及安装尺寸输入电测电路即可完成平衡作业，平衡机仪表即会自动显示轮胎两侧的不平衡质量 m_1 和 m_2 及其相位。离车式平衡机的主轴采用卧式布置，故称为卧式平衡机，如图 5-13 所示，主要由主轴、水平压电传感器、垂直压电传

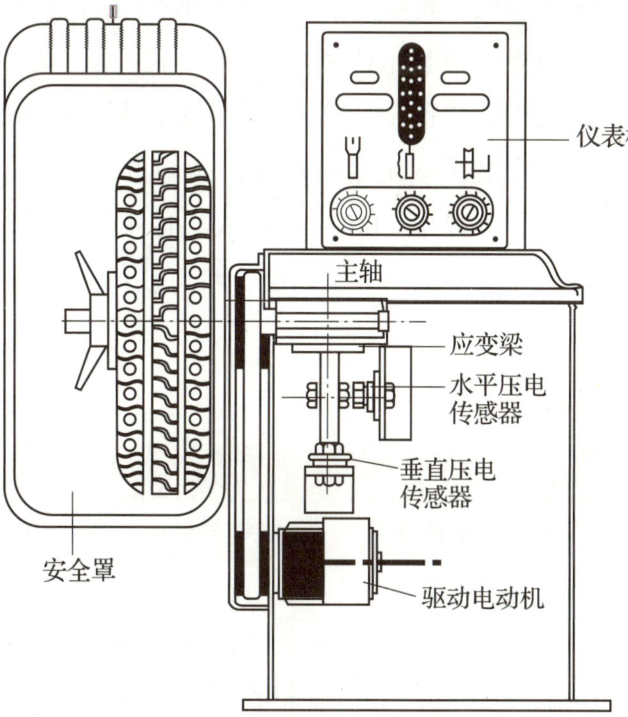

图 5-13　卧式车轮平衡机

感器、光电式位置传感器、驱动电动机、仪表板和安全罩等组成。

卧式平衡机最大的优点是被测车轮装卸方便，机械结构和传感装置也较简单，造价也较低廉，因此深受修理维护厂家的欢迎，同时也是制造厂家的首选机型。但由于车轮在悬臂较长的主轴上易形成很大的静态力矩，会影响传感系统的初始设定状态，尤其是垂直传感器的预紧状态，因此长时间使用后精度难以保证，零漂也较大，但其平衡精度仍然能满足一般营运车辆的要求，其灵敏度能达到10g。

2. 离车式车轮平衡机的使用方法

清除被测车轮上的泥土、石子和旧平衡块。

检查轮胎气压，视必要充至规定值。

根据轮辋中心孔的大小选择锥体，仔细地装上车轮，用大螺距螺母上紧。

（1）打开电源开关，检查指示与控制装置的面板是否指示正确。

（2）用卡尺测量轮辋宽度 b、轮辋直径 d（也可由胎侧读出），用平衡机上的标尺测量轮辋边缘至机箱距离 a，用键入或选择器旋钮对准测量值的方法，将 a、b、d 直接输入指示与控制装置中。为了适应不同计量制式，平衡机上的所有标尺一般同时标有英制刻度和公制刻度。

（3）放下车轮防护罩，按下起动键，车轮旋转，平衡测试开始，微机自动采集数据。

（4）车轮自动停转或听到"嘀"声，按下停止键并操纵制动装置使车轮停转后，从指示装置读取车轮内外不平衡量和不平衡位置。

（5）抬起车轮防护罩，用手慢慢转动车轮。当指示装置发出指示（音响、指示灯亮、制动、显示点阵或显示检测数据等）时停止转动。在轮辋的内侧或外侧的上部（时钟12点位置）加装指示装置显示的该侧平衡块质量。内外侧要分别进行，平衡块装卡要牢固。

（6）安装平衡块后有可能产生新的不平衡，应重新进行平衡试验，直至不平衡量小于5g，指示装置显示"00"或"OK"时才能满意。当不平衡量相差10 g左右时，如能沿轮辋边缘左右移动平衡块一定角度，将可获得满意的效果。

任务准备

准备项目	准备内容
防护用品准备	车辆防护套装、工作服、护目镜、劳保手套等
场地准备	配有举升机的操作工位
工具、设备、材料准备	汽车轮胎若干、平衡机、平衡块、平衡钳、胎压表、压缩气、世达09510两套

任务实施

一、车轮动平衡检测

操作步骤：

1. 拆卸轮胎平衡块

用平衡块钳将旧的平衡块拆卸下来，如图 5–14 所示。

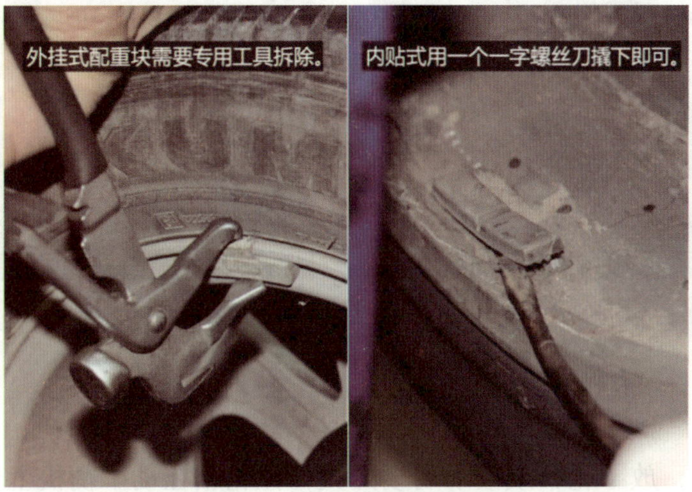

外挂式配重块需要专用工具拆除。
内贴式用一个一字螺丝刀撬下即可。

图 5–14　拆卸轮胎平衡块

2. 轮胎平衡的检测

1）在动平衡机上安装车轮（见图 5–15）

（1）清洁轮胎、轮辋上附着的污泥、沙石等异物，并按标准充足气压。

（2）取下轮辋中心装饰块。

（3）把车轮装在动平衡机轴上。

（4）用合适的锥形套和快锁螺母，把轮胎固定在动平衡机轴上。

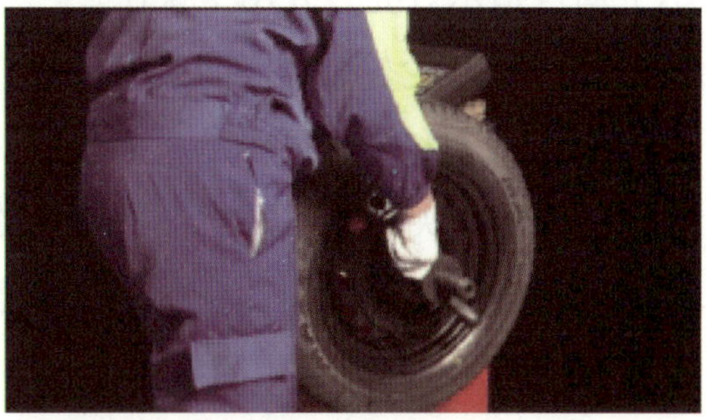

图 5–15　在动平衡机上安装车轮

2）输入数据

（1）打开轮胎动平衡机电源，如图 5–16 所示。

（2）根据轮辋形状，在操作面板上选择合适的轮辋。

（3）拉出测量尺，测量轮胎边距，读出具体数据，并输入到动平衡机，如图 5–17 所示。

（4）用轮辋宽度测量尺测量车轮轮辋宽度，并输入到动平衡机，如图 5–18 所示。

（5）查看轮胎胎侧的轮辋直径，并输入到动平衡机，如图 5–19 所示。

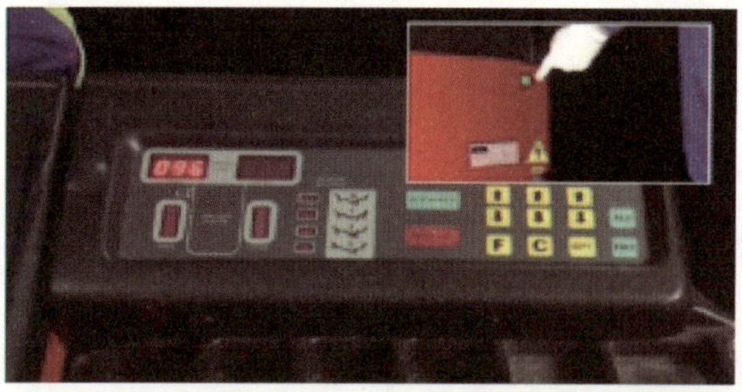

图 5-16　打开轮胎动平衡机电源

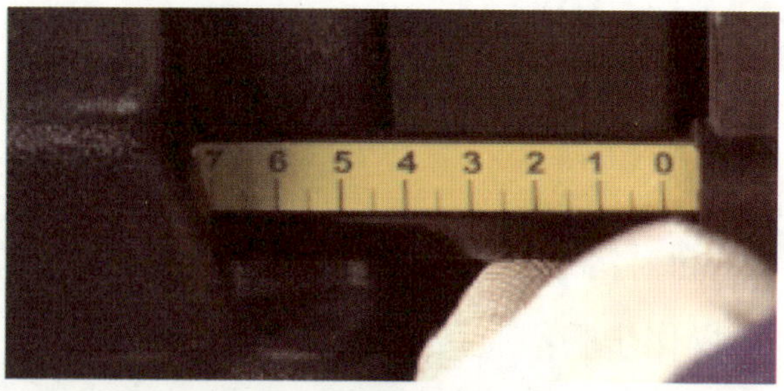

图 5-17　测量轮胎边距

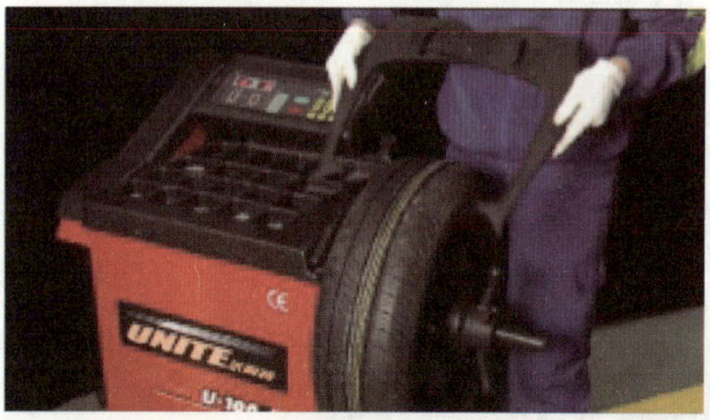

图 5-18　测量车轮轮辋宽度

图 5-19　查看轮胎的轮辋直径

3）车轮动平衡检测

（1）确认安全后，放下轮罩或按下启动开关，让轮胎在动平衡机上转动。

（2）当车轮停止转动后，查看所测车轮两侧的动不平衡量数据。

3. 粘贴或安装轮胎平衡块

（1）转动车轮到达外侧的不平衡点，此时该不平衡点指示灯亮，并用手扶住。

（2）在车轮轮辋外侧 12 点位置，根据轮辋的构造、材质和屏幕显示的不平衡量，选择和安装合适形状（夹式或粘贴式）和质量的平衡块。

（3）转动车轮到达内侧的不平衡点，此时该不平衡点指示灯亮，并用手扶住。

（4）在车轮轮辋内侧 12 点位置，根据检测到的不平衡量，装上相应质量的平衡块，如图 5-20 所示。

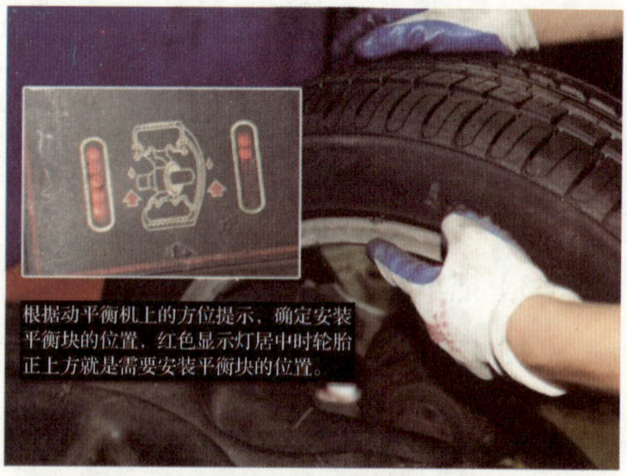
根据动平衡机上的方位提示，确定安装平衡块的位置，红色显示灯居中时轮胎正上方就是需要安装平衡块的位置。

图 5-20　装上相应质量的平衡块

4. 检验轮胎平衡量

（1）重新进行动平衡测试，确认安全后，按下启动开关，让轮胎在动平衡机上转动。

（2）测试结束后，如仍存在不平衡，应去掉已安装的平衡块重新测试和安装平衡块，直至显示不平衡量为零，如图 5–21 所示。

图 5–21　重新进行动平衡测试

（3）松开快锁螺母（大螺距螺母），并取下。

（4）取下轮胎。

（5）取下轮辋中心的锥形套。

（6）关闭电源，并清理现场。

二、使用注意事项

（1）离车式车轮动平衡机的主轴固定装置和就车式车轮动平衡机的支架上都装有精密的位移传感器和易碎裂的压电晶体传感器，因此严禁冲击和敲打主轴或传感器支架。

（2）在检修车轮动平衡机时，传感器的固定螺栓不得松动。因为这一螺栓不是一般的紧固件，需要由它向传感晶体提供必要的预紧力。当这一预紧力发生变化时，电算过程将完全失准。

（3）车轮动平衡机的平衡重也称配重，通常有卡夹式和粘贴式两种类型。卡夹式配重适用于轮辋有卷边的车轮。对于铝镁合金轮辋，因无卷边可夹，可使用粘贴式配重。粘贴式配重的外弯面有不干胶，粘贴于轮辋内各面。

（4）必须明确，车轮动平衡机的机械系统和电算电路都是针对正常车轮使用条件下平衡失准或轻微受损但仍能使用的车轮而设计的，因交通事故而严重变形的轮辋或胎面大面积剥离的车轮是不能上机进行平衡检测的。一方面，不平衡量过大的车轮旋转时的离心力可能损伤车轮动平衡机的传感系统；另一方面，超值的不平衡力可能溢出电算范围而使仪器自动拒绝工作。

（5）当不平衡量超过最大平衡重时，可将两个以上平衡重并列使用。但这时要注意，因多个平衡重占用较大的扇面会使其有效质量低于实际质量。

任务评价

教师评价反馈	成绩:

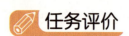

请实训指导教师检查本组任务完成情况，并针对实训过程中出现的问题提出改进措施及建议。

序号	评价标准	评价结果
1	规范完成检测作业前工具、设备的检查	
2	清洁轮胎并拆卸掉原有的平衡块（若有）	
3	将车轮安装到平衡机上	
4	完成相关参数测量和输入	
5	完成检测并记录数据	
6	正确分析数据和处置	
7	清洁场地，清洁整理设备工具	
综合评价	☆ ☆ ☆ ☆ ☆	
综合评语（作业问题及改进建议）		

自我评价反馈	成绩:

请根据自己在课堂中的实际表现进行自我反思和自我评价。

自我反思:____

____。

自我评价:____

____。

任务拓展

一、案例

大多数车主基本都知道轮胎有动平衡一说，动平衡做不好，车轮就会抖动，影响驾驶舒适性。车轮是一个旋转体，也是整个车辆唯一接触地面的部件，它的不平衡性会导致车轮在旋转时产生振动；不仅关系着性能，更关系着安全，因此车轮参数特别重要，国家计量部门也把车轮平衡测量作为汽车重点管理项目，早有专门的文件规定，何时应该检查，如何检查等。

细心的车主可能已经发现了，不同规模店面做的动平衡是不一样的，收费也是从几十元到上百元，其实并不是哪个店家黑心多要钱，而是动平衡机本身价钱差异就很大，从几千元到十几万甚至几十万不等，也正是价格的差异导致动平衡机的精准度也不同，顾名思义精准度越高的机器价格也就越高。

二、感悟

（1）了解动不平衡的原因和危害，并宣传给车主朋友。了解越多越重视，尽最大努力减少事故发生。

（2）关注平衡机发展的现状，了解我国自主品牌的进步，支持我国自主品牌的发展，坚定壮大民族制造工业的信心。

达标测试

一、填空题

1. 车轮静不平衡是指车轮质心与__________不重合。

2. 车轮动平衡时，应先输入轮辋肩部至机体的距离和__________、__________三个参数。

二、选择题

1. 随着汽车行驶里程的提高，(　　) 的影响愈加突出。

A. 定位参数　　B. 车轮平衡　　C. 轮胎磨损　　D. 轮胎气压

2. 安装平衡块后，车轮的不平衡量不超过 (　　)。

A. 5g　　B. 10g　　C. 15g　　D. 20g

3. 在利用离车式平衡机检测车轮平衡时，不要求输入的参数是 (　　)。

A. 车轮宽度　　B. 平衡机结构参数　　C. 车轮轮辋直径　　D. 车轮安装尺寸

三、问答题

简述不平衡车轮的成因及其危害性。

任务三　车轮定位的检测

学习目标

知识：1. 了解四轮定位的相关概念、参数和作用；
2. 掌握各定位参数的作用；
3. 能够用四轮定位参数进行检测。
素养：培育爱岗敬业的责任心和爱护环境的意识。

任务分析

汽车在使用过程中，会由于悬架的损伤、车身或车架的变形引起车轮定位参数发生变化。不正确的车轮定位参数会导致转向沉重，汽车轮胎磨损加剧、油耗增加，从而使汽车的操纵稳定性变坏，影响汽车的行驶安全，也是汽车经济性变差的重要原因之一。因此，应重视对汽车车轮定位的检测。在更换汽车悬架或汽车碰撞修复后，应及时进行车轮定位检测，以便进行相应的调整与维修。

知识储备

一、车轮定位

车轮、车桥与车架的安装应保持一定的相对位置关系，这种安装位置关系称为车辆四轮定位。进行车辆四轮定位可以保证汽车直线行驶的稳定性和操纵轻便性，减少轮胎和其他机件的磨损。车轮定位主要包括前轮定位和后轮定位。前轮定位包括主销后倾、主销内倾、前轮外倾和前轮前束，后轮定位包括后轮外倾和后轮前束。

1. 前轮定位

在装配转向轮、转向节和前轴或下摆臂时，应确保相对位置的合理性，这种具有相对位置的装配关系叫作前轮定位。前轮定位包括前轮外倾角、前轮前束、主销后倾角和主销内倾角 4 个参数。另外，转向梯形、转向不足和转向负前束也是影响装配关系的重要指标参数。

前轮外倾的作用是提高车轮工作的安全性和转向操纵的轻便性。前轮前束的作用是消除因车轮外倾所造成的不良后果，保证车轮不向外滚动，防止车轮侧滑和减小轮胎的磨损。主销后倾的作用是形成回正力矩，保证汽车直线行驶的稳定性，并使偏转的车轮自动回正。主销内倾具有使转向轮转向操纵轻便的作用，还具有使转向轮自动回正的作用。

2. 后轮定位

后轮定位的参数是否需要调节主要看汽车的悬架形式，一般后轮为非独立悬架的车型不需要调节后轮参数，如常见的扭力梁后悬架结构，由于悬架结构本身的原因就不需要调节后悬架，而后桥为独立悬架的车型则需要调节，如多连杆后悬架。

车轮的外倾角并不是固定的数值，而是随着悬架的变化而变化。车轮外倾角的作用是使车轮与地面的动态承载中心得到合理的分配从而达到提高机械零件的使用寿命，减少轮胎的磨损等效果。即在转弯过程、负载等情况下会使车轮的外倾角过大，这时需要减小后轮外倾来抵消，已达到稳定车身的目的。

后轮前束跟前轮前束的功用相同，如果后轮前束调整不当，同样会使后轮轮胎严重磨损，同时也会影响转向、行驶稳定。

二、四轮定位仪的结构原理

现代的电脑四轮定位仪不仅采用了先进的测量系统和科学的检测方法，而且存储了大量常见车型的四轮定位标准数据。在检测过程中，可随时把实测数据与标准数据进行比较，并通过屏幕用图形和数字显示出需要调整的部位、调整方法，以及在调整过程中数值的变化，把复杂的四轮定位检测调整简化成“看图操作”。

定位仪主机由机箱（大机箱带后视镜）、电脑主机（含显示器、打印机）、4 个机头（定位传感器）、通信系统、充电系统、总供电系统共 6 部分组成。

四轮定位的测量原理：目前常用的定位仪有拉线式、光学式、数据采集盒式和电脑激光式 4 种，它们的测量原理是一致的，只有采用的测量方法（或使用的传感器的类型）及数据记录与传输的方式不同，这里仅介绍四轮定位仪可测量的几个重要检测项目的测量原理。

车轮前束测量原理：保证车体摆正且转向盘位于中间位置，为了提供车轮前束值（或前束角）的测量精度，无论是拉线式、光学式还是电脑式的四轮定位仪，在检测车轮前束之前，常通过拉线或光线照射或反射的方式形成一封闭的直角四边形。将待检车辆置于此四边形中，通过安装在车轮上的光学镜面或传感器不仅可以检测前轮前束、后轮前束，还可以检测出左右车轮的同轴度（即同一车轴上左右车轮的同轴度）。

主销后倾角和主销内倾角的测量原理：车轮外倾角、主销后倾角和主销内倾角这三个测量参数的测量都是关于角度的测量，除了光学式四轮定位仪测量车轮外倾角和车轮前束时采用的不是测量角度的传感器，其余各种类型的四轮定位仪均是采用测量角度的传感器，包括车轮前束角都可以用角度传感器直接或间接测量。主销后倾角和主销内倾角不能直接测出，只能用建立在几何关系上的间接方法测量。

任务准备

准备项目	准备内容
防护用品准备	劳保手套、工作服、工作鞋、抹布、洗手液等
场地准备	汽修实训车间装有废气抽排系统和消防设备
工具、设备、材料准备	世达工具 09510，汽车、举升机、维修作业台等，定位检测仪，百分表、轮胎气压表、深度尺等，清洁布

任务实施

四轮定位的调整

操作步骤:

1. 定位准备工作

（1）把汽车驶上举升平台，托起 4 个车轮，把汽车举升 0.5m（第一次举升）。

（2）托起车身适当部位，把汽车举升至车轮能够自由转动（第二次举升）。

（3）拆下各车轮，检查轮胎磨损情况。

（4）检查轮胎气压，不符合标准时应充气或放气。

（5）进行车轮动平衡，动平衡完成后，把车轮装好。

（6）检查车身高度，检查车身 4 个角的高度和减振器技术状况，如车身不平应先调平；同时检查转向系统和悬架是否松旷，如松旷则应先紧固或更换零件。

2. 检测定位参数

（1）把传感器支架安装在轮辋上，再把传感器（定位校正头）安装到支架上，并按使用说明书的规定调整。

（2）四轮定位仪开机进入测试程序，输入被检汽车的车型和生产年份。

（3）轮辋变形补偿。转向盘位于直行位置，使每个车轮旋转一周，即可把轮辋变形误差输入电脑。

（4）降下举升器，使车轮落到平台上，把汽车前部和后部向下压动 4~5 次，使其进行压力弹跳。

（5）用刹车锁压下制动踏板，使汽车处于制动状态。

（6）把转向盘左转至电脑发出“OK”声，输入左转角度；然后把转向盘右转至电脑发出“OK”声，输入右转角度。

（7）把转向盘回正，电脑屏幕上显示出后轮的前束及外倾角数值。

（8）调正转向盘，并用转向盘锁锁住转向盘使之不能转动。

（9）把安装在4个车轮上的定位校正头的水平仪调到水平线上，此时电脑屏幕上显示出转向轮的主销后倾角、主销内倾角、转向轮外倾角和前束的数值。

（10）调整主销后倾角、车轮外倾角及前束，调整方法可按电脑屏幕提示进行。若调整后仍不能解决问题，则应更换有关零部件。

（11）进行第二次压力弹跳，将转向轮左右转动，把车身反复压下后，观察屏幕上的数值有无变化，若数值变化应再次调整。

（12）若第二次检查未发现问题，则应将调整时松开的部位紧固。

（13）拆下定位校正头和支架，进行路试，检查四轮定位仪检测调整效果。

注意事项：

（1）使用3D定位仪设备的用户最好配备小型稳压器来实现电压稳定性，降低并保证四轮定位仪电子元器件的损耗。

（2）由于3D定位仪设备属精密元器件，故防水防潮尤其重要。同时电脑内部灰尘的堆积也可能造成电脑反应缓慢、无法开机、蓝屏等故障，所以必须做好以上部件的防尘处理，四轮定位设备使用完毕后及时关闭机箱门板。

（3）3D四轮定位仪使用完毕后的目标盘及时挂回机箱，同时使用柔软的干布料擦拭，避免表面划痕。挂架顶头如出现严重的磨损必须更换，避免刮伤轮辋；定期对挂架丝杆、滑杆抹润滑脂，保证其灵活性。

（4）注意环境的温度和湿度：电脑的理想工作温度是5~35℃，环境湿度过低或过高，容易造成无法正常启动和频繁死机。理想的工作湿度为30%~80%，湿度过高容易造成短路，过低则容易产生静电，并做好通风散热工作。

（5）车辆驶上举升机前，应保证转向盘和后滑板事先用锁销锁住。前轮到达转向盘中部，后轮上了后滑板后才可拔去锁销。

（6）车轮转向时安装制动器锁，用专用推杆顶住制动踏板，使汽车处于行车制动状态。

（7）在对轮辋偏位进行补偿时，要将转向盘的转盘对准车轮支架撑开方向，向里推动一点，否则转盘在汽车转向时会滑向相反的方向，这也会导致汽车支架的撑紧而出现测量误差。

（8）转向轮在转向盘上转向时，不要忘记安装制动器锁，否则车轮在转向时会脱落，导致主销内倾角的测量误差。

任务评价

教师评价反馈	成绩:

请实训指导教师检查本组任务完成情况，并针对实训过程中出现的问题提出改进措施及建议。

序号	评价标准	评价结果
1	规范完成定位前检查准备工作	
2	正确安装传感器支架和传感器	
3	会开启电脑检测程序，输入车辆信息	
4	完成轮辋变形补偿	
5	利用程序引导完成后轮前束和外倾角的测定	
6	利用程序引导完成主销后倾角、主销内倾角、转向轮外倾角和前束的测定	
7	正确分析数据和调整恢复车辆参数	
8	清洁场地，清洁、整理设备工具	
综合评价	☆ ☆ ☆ ☆ ☆	
综合评语（作业问题及改进建议）		

自我评价反馈	成绩:

请根据自己在课堂中的实际表现进行自我反思和自我评价。

自我反思:____

____。

自我评价:____

____。

任务拓展

一、案例 车跑偏做四轮定位还是动平衡

随着信息时代的到来，知识的学习渠道越来越多元化。当前网上提问和宣传的一个关于汽车知识的话题就有“车跑偏做四轮定位还是动平衡”。

四轮定位直接关系到底盘稳定性，如果出现异常，会影响整车的安全指数，所以做四轮定位是很有必要的。四轮定位是有利于降低轮胎、转向机械和悬架的磨损程度的，从而延长使用周期；而且做四轮定位还可以增强车辆行驶的稳定性，提高行驶安全；此外，做四轮定位还可以减少油耗。但要注意的是，四轮定位本身属于维修项目，并非保养项目，无须定期进行，只有当车辆出现异常时才需要进行。

车跑偏需做四轮定位解决。而跑偏可能是由于车辆的悬挂系统失效或出现缓冲不一致的情况，这样会导致车辆在行驶过程中悬架一边高一边低，车辆两侧受力不均匀，从而导致汽车跑偏。此外，汽车的底盘部件磨损过大，会出现不正常间隙，也会导致车辆跑偏。

二、感悟

（1）随着自媒体时代的到来，各种营销号自称专家，混淆概念，错误宣传。作为专业人员有责任和义务学好、用好、宣传好科学养车常识。

（2）与时俱进，将自己的热情和爱好结合到知识技能的学习中，更好地服务客户，奉献社会。

达标测试

一、填空题

1. 前轮定位的主要参数有__________、__________和__________。

2. 汽车直线行驶的重要条件之一是__________和__________。

二、选择题

1. 前轮定位是指主销内倾、主销后倾、（　　）和前轮前束 4 个要素。

A. 前轮外倾　　B. 前轮内倾　　C. 后轮外倾　　D. 后轮内倾

2. 主销（　　）与（　　）之间的夹角叫作主销内倾角。

A. 内侧，外侧　　B. 轴线，外侧　　C. 轴线，垂线　　D. 垂线，内侧

3. 主销内倾角的作用除了使转向操纵轻便外，另一作用是（　　）。

A. 车轮自动回正　　B. 减少轮胎磨损

C. 减少车辆行驶跑偏　　D. 提高车轮工作的安全性

4. 车轮（　　）平面与纵向（　　）平面之间的夹角叫作前轮外倾角。

A. 旋转，水平　　B. 旋转，垂直　　C. 外，水平　　D. 外，垂直

三、简答题

车轮定位参数不当会有哪些危害？

模块六

汽车的平顺性和通过性

知识结构

- 汽车的平顺性和通过性
  - 汽车的平顺性
    - ❶汽车平顺性的评价指标
    - ❷改善平顺性的途径
  - 汽车的通过性
    - ❶通过性的几何参数
    - ❷影响汽车通过性的主要因素

知识单元一　汽车的平顺性

学习目标

知识：1. 熟悉汽车平顺性的评价指标；
　　　2. 了解改善汽车平顺性的途径。
素养：具有节约资源、爱护环境的意识。

知识储备

汽车的平顺性是指保持汽车在行驶过程中乘员所处的振动和冲击环境在一定舒适度范围内的性能。因此，平顺性主要根据乘员主观感觉的舒适性来评价。载货汽车还包括保持货物完好的性能。平顺性既是决定汽车舒适性最主要的方面，其本身也是评价汽车性能的主要指标。

一、汽车平顺性的评价指标

汽车平顺性的评价指标通常是依据人体对振动的反应及对保持货物完整的程度来制定的。目前对汽车平顺性的评价有不同的方法。

1. 国际的评价标准

国际标准化组织（ISO）在综合大量有关人体全身振动研究成果的基础上，制定了《人体承受全身振动评价指南》，已被许多发达国家作为本国的国家标准实施，该标准给出了在1~80Hz 振动频率范围内，人体对振动反应的三个不同的感觉界限，即暴露界限、疲劳－工效降低界限、舒适降低界限。

1）暴露界限

当人体承受的振动强度在这个界限之内，将保持健康和安全。通常把此界限作为人体可以承受振动量的上限。

2）疲劳－工效降低界限

这个界限与保持工作效率有关。当驾驶员承受的振动强度在此界限内时，能保持正常的驾驶操作；若超过这个界限，则意味着人感觉疲劳和工作效率降低。

3）舒适降低界限

该界限与保持舒适有关。在这个界限内，人体对所暴露的振动环境主观感觉良好，能顺利完成吃、读、写等动作。

2. 我国的评价标准

1）汽车平顺性评价

我国依据《汽车平顺性随机输入试验方法》，提出了“车速特性的概念”。车速特性是指平顺性评价指标随车速变化的关系。用车速特性评价汽车的平顺性比在某一车速评价汽车的平顺性更符合实际。轿车、客车适用舒适降低界限车速特性，货车适用疲劳－降低工作效率界限车速特性。

2）车身的固有频率评价

人体器官自幼即已习惯于行走所引起的垂直振动频率（一般在1.1~1.5Hz）。当车身振动频率在此范围内时，则人体感到习惯，就不会感到不舒适；当车身的振动频率偏离该范围时，则人体会感到不舒适。当车身的振动频率低于1Hz时，会引起乘员晕车和恶心；当频率高于1.5Hz时，人体会明显感受到冲击感，会引起乘员的疲劳和不舒适感。

3. 汽车平顺性的感觉评价

汽车行驶时，来自路面的冲击以及汽车行驶系统和传动系统中作用力的大小、方向不断变化，汽车会发生各种振动。这些冲击、振动会引起乘坐者的不舒适与疲劳感觉。汽车乘坐是否舒适，与交通情况、汽车性能、设备状况、气候条件、视野、振动及噪声等情况有关，也与乘坐者本身的心理、生理状况有关。因而平顺性的好坏可以根据乘坐者主观感觉的舒适程度来评价。这种主观感觉可以根据所受振动的程度，划分成如下三种：

（1）正常：振动很小，人们感到比较舒适，感觉正常，超过此范围就会感到不舒服。

（2）可接受：振动加大，人们感到不太舒服，但还能保持正常的驾驶，不致感到疲劳。

（3）可忍受：振动更大，人们感到疲劳，影响正常的驾驶，效率降低，但尚可忍受，不致影响健康和安全。如果振动再加大，人们就无法忍受，以致影响健康和安全，这在汽车上是不允许的。

二、改善平顺性的途径

1. 悬架结构

减小悬架刚度，降低固有频率，可以减少由于不平路面而引起乘员承受的加速度值，这是改善平顺性的基本措施。但刚度降低会增加非悬架质量的高频振动位移。而大幅度的车轮振动有时会使车轮离开地面，前轮定位角也将发生显著变化，在紧急制动时会产生严重的汽车“点头”现象。转弯时因悬架侧倾刚度的降低，会使车身产生较大的侧倾角。为了使悬架既有大的静挠度又不影响其他性能指标，可采取一些相应措施，如采用悬架刚度可变的非线性悬架。现代货车在后悬架上采用钢板弹簧加副簧即此种方式的最简易办法，当载荷增减时，其静挠度保持不变。

目前，比较先进的汽车一般采用主动式悬架，在其结构中植入了可人工或自动控制弹力的调节机构，并能根据路面情况自动调节减振器的刚度和阻尼，以获得更好的行驶舒适性。图 6-1 所示为空气悬架，和传统的液压减振器配螺旋弹簧的悬架相比，空气悬架利用气体的压缩性实现弹性作用，在 ECU 的计算下可根据车重和路面情况来调节压缩气体的压力，软、硬程度和车身高度可以自行调节控制，所使用的空气弹簧和减振器令舒适性更好。

2. 悬架阻尼

为了衰减车身自由振动和抑制车身、车轮的共振，以减小车身的垂直振动加速度和车轮的振幅（减小车轮对地面压力的变化，防止车轮跳离地面），悬架系统中应具有适当的阻尼。在悬架系统中，引起振动衰减的阻尼主要来自减振器、钢板弹簧叶片之间的摩擦。在各种悬架结构中，以钢板弹簧悬架系统的干摩擦最大，钢板弹簧叶片数目越多，摩擦越大。当干摩擦过于严重时，会增加车身的自振频率，路面的冲击也易于传给车身。

减振器可提高汽车的平顺性，还可增加悬架的角刚度，改善车轮与道路的接触条件，防止车轮离开路面，因而可改善汽车的稳定性，提高汽车的行驶安全性。减振器如图 6-2 所示。改进减振器的性能，对提高汽车在不平道路上的行驶速度有很大作用。

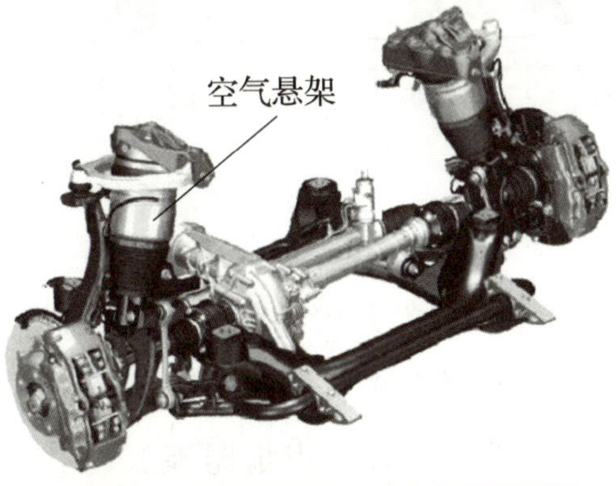

图 6-1　空气悬架

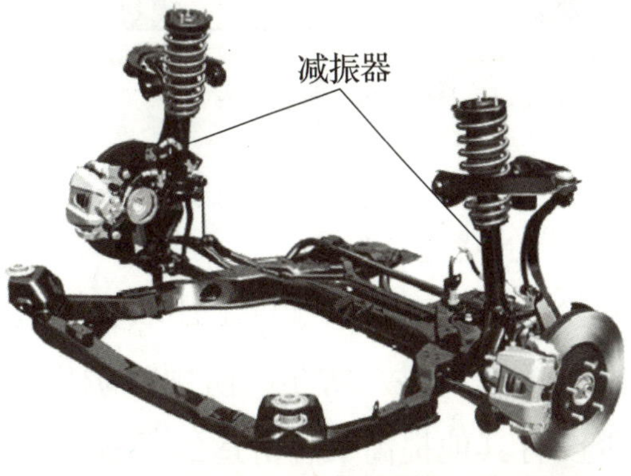

图 6-2　减振器

3. 轮胎的影响

轮胎对汽车平顺性的影响主要取决于轮胎的径向刚度，适当减小轮胎的径向刚度，可以改善汽车的平顺性。例如，使子午线轮胎径向刚度减小，轮胎的静挠度增加 40% 以上，汽车的平顺性得到改善。但轮胎刚度过低，会引起侧向偏离加大，影响汽车的操纵稳定性。在使用中，通过动平衡试验消除轮胎的动不平衡现象，也是保证汽车平顺性的必要措施。

4. 座椅的布置

座椅的布置对汽车的平顺性也有很大影响。实际感受和试验表明：座椅接近车身的中部，其振动最小。座椅位置常由它与汽车质心间的距离来确定，用座椅到汽车质心的距离与汽车质心到前（后）轴的距离之比评价座椅的舒适性。该比值越小，车身振动对乘客的影响越小。对于载货汽车和公共汽车，座椅在高度上的布置也很重要。为了减小水平纵向振动的振幅，座椅在高度方面与汽车质心间的距离应该不大。弹簧座椅刚度的选择要适当，防止因乘客在座椅上的振动频率与车身的振动频率重合而发生共振。对于具有较硬悬架的汽车，可采用较软的坐垫。对于具有较软悬架的汽车，可采用较硬的坐垫。

5. 非悬架质量

减小非悬架质量可降低车身的振动频率，增高车轮的振动频率。这样就使低频共振与高频共振区域的振动减小，而将高频共振移向更高的行驶速度，对汽车的平顺性有利。减小非悬架质量，还将引起高频振动的相对阻尼系数增加，因而减振器所吸收的能量减少，工作条件可以获得改善。独立悬架相对于非独立悬架，质量小，行驶平顺性好。图 6–3 所示为独立悬架，图 6–4 所示为非独立悬架。

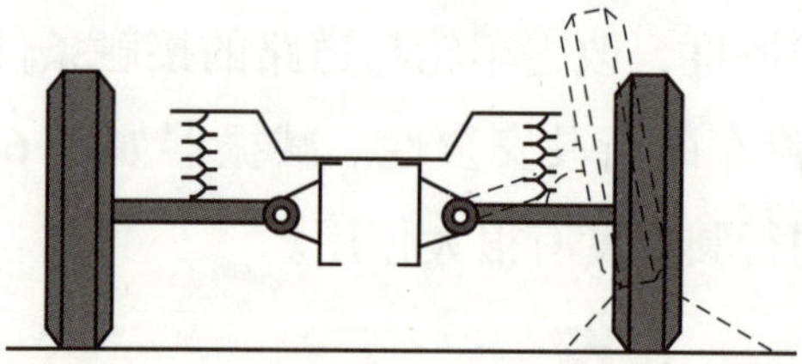

图 6–3　独立悬架

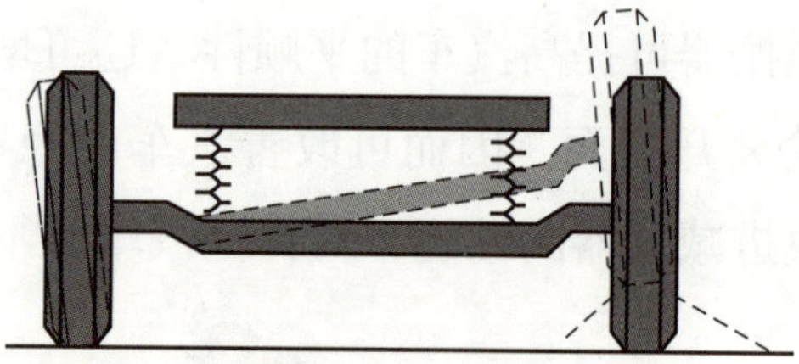

图 6–4　非独立悬架

6. 其他影响因素

乘坐舒适性在很大程度上还取决于座椅的结构、尺寸、布置方式和车身（或载货汽车的驾驶室）的密封性（防尘、防雨，防止废气进入车身）、通风保暖、照明、隔声等效能，以及是否设有其他提高乘客舒适的设备（空调、钟表、音响、烟灰盒、点烟器等）。

知识单元二　汽车的通过性

学习目标

知识：1. 熟悉汽车通过性的几何参数；

2. 了解影响汽车通过性的主要因素。

素养：具备节约资源、爱护环境的意识。

知识储备

一、通过性的几何参数

由于汽车与地面间的间隙不足而被地面托住、无法通过的情况，称为间隙失效。车辆中间底部的零件碰到地面而被顶住的情况，称为顶起失效；车辆前端或尾部触及地面而不能通过的情况，则分别称为触头失效和托尾失效。显然，后两种情况属同一类失效。

与间隙失效有关的汽车整车几何尺寸，称为汽车通过性的几何参数。这些参数包括最小离地间隙、纵横向通过半径、接近角、离去角、最小转弯半径等，如图 6–5 所示。

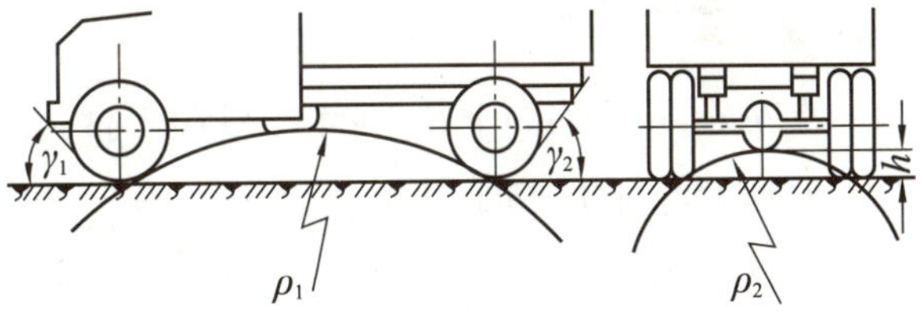

图 6–5　汽车通过性几何参数

γ_1—接近角；γ_2—离去角；ρ_1—纵向通过半径；ρ_2—横向通过半径；h—最小离地间隙

1. 最小离地间隙 h

最小离地间隙用符号 h 表示，是指汽车除车轮以外的最低点与路面之间的距离，如图 6–5 所示。它表征了汽车能无碰撞地越过石块、树桩等障碍物的能力。汽车的飞轮、前桥、变速器壳、消声器、驱动桥的外壳、车身地板等处一般有较小的离地间隙。

2. 纵向通过半径 ρ_1

在汽车侧视图上作出的与前、后车轮及两轴中间轮廓线相切之圆的半径，称为纵向通过半径，用符号 ρ_1 表示。它表示汽车能够无碰撞地通过小丘、拱桥等纵向凸起障碍物的轮廓尺寸。ρ_1 越小，汽车的通过性越好。

3. 横向通过半径 ρ_2

在汽车的正视图上所作的与左、右车轮及与两轮之间轮廓线相切的圆的半径，称为横向通过半径，用符号 ρ_2 表示。它表示汽车通过小丘及凸起路面等横向凸起障碍物的能力，ρ_2 越小，通过性越好。

最小离地间隙不足，以及纵向通过半径和横向通过半径过大，都容易引起顶起失效。

4. 接近角 γ_1 及离去角 γ_2

从汽车前端突出点向前轮引切线，该切线与路面的夹角 γ_1 称为接近角。γ_1 越大，通过障碍物（如小丘、沟洼地等）时，越不易发生触头失效。

从汽车后端突出点向后轮引切线，该切线与路面的夹角 γ_2 称为离去角。γ_2 越大，通过障碍物时越不容易发生托尾失效。

5. 最小转弯半径 R_H 和内轮差 d

转向盘转到极限位置，做转弯行驶，前外轮印迹中心至转向中心的距离（左右转弯，取较大者），称为汽车的最小转弯半径，如图 6–6 所示，用符号 R_H 表示。内轮差是指前内轮轨迹与后内轮轨迹半径之差，用 d 表示。这两个参数表示车辆在最小面积内的回转能力和通过狭窄弯曲地带或绕过障碍物的能力。

机动车安全检测条件国家标准规定，机动车辆最小转弯半径以前外轮轨迹中心线为基线测量，其值不得大于 24m。当转弯直径为 24m 时，转向轴和末轴的内轮差以两轮轨迹中心线计，不大于 3.5m。

6. 车轮半径 r

汽车在不平路面上行驶时，经常要越过垂直障碍物。汽车克服垂直障碍物（台阶、壕沟等）的能力与车轮半径和驱动形式有关，也与路面附着条件有关。其越过台阶的能力如图 6–7 所示。图中纵坐标为台阶高度 h_W 与车轮直径 D 之比，横坐标为路面附着系数。由图 6–7 可以看出，全轴驱动汽车比单轴驱动汽车越过台阶的能力强；路面附着条件越好，汽车能越过的台阶越高。

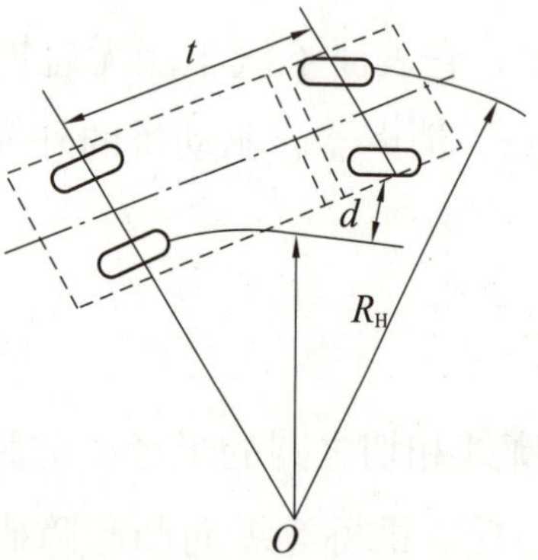

图 6–6 最小转弯半径 R_H 和内轮差 d

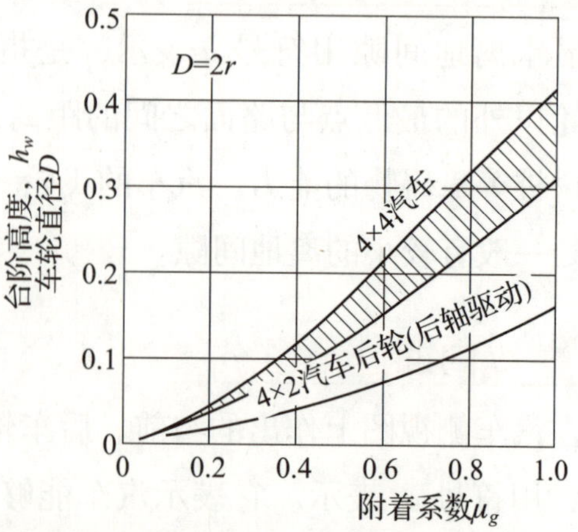

图 6–7 汽车越障能力与附着系数的关系

汽车越过壕沟的宽度 l_{dj} 与其越过台阶的能力直接相关，两者只存在一个换算系数的关系。由图 6-7 查出汽车在某路面的 h_W/D 值，则可由下式计算出在该路面条件下的 l_d/D 值（l_d 为壕沟宽度，D 为车轮直径），即

$$\frac{l_d}{D}=2\sqrt{\frac{h_W}{D}-\left(\frac{h_W}{D}\right)^2}$$

二、影响汽车通过性的主要因素

1. 使用因素

1）轮胎气压

汽车在松软路面上行驶时，降低轮胎气压，可以使轮胎与路面的接触面积增加，从而降低轮胎对路面的单位压力，使路面变形减小，轮胎受到的道路阻力下降。而在硬路面上行驶时，适当提高轮胎压力，可以减小轮胎变形，使行驶阻力变小。因此，有的越野汽车装有中央充气系统，驾驶员在驾驶室内可根据路面情况调整轮胎气压。

2）轮胎花纹

轮胎花纹对附着系数影响很大。越野汽车应选用具有宽而深花纹的轮胎，这是因为在松软地面上行驶时，轮胎花纹嵌入土壤，使附着能力提高；而汽车在潮湿路面上行驶时，只有花纹的凸起部分与路面接触，提高了单位压力，有利于挤出水分，提高附着系数。

3）拱形轮胎

不少专用越野车使用了超低压的拱形轮胎。在相同轮辋直径的情况下，超低压拱形轮胎的断面宽度比普通轮胎要大 2.0~2.5 倍，轮胎气压很低（29.4~83.3kPa）。若用这种轮胎代替并列轮胎，其接地面积可增加到 3 倍。拱形轮胎在沙漠、雪地、沼泽、田间行驶有良好的通过性，但在硬路面上行驶会使行驶阻力增加，且易损坏轮胎。

4）驾驶技术

驾驶技术对汽车通过性的影响很大。为提高通过性，应注意以下几点：

（1）汽车通过松软地段时，应尽量使用低速挡，以使汽车具有较大的驱动力和较低的行驶速度；尽量避免换挡和加速，尽量保持直线行驶。

（2）驱动轮是双胎的汽车，如因双胎间夹泥而滑转，可适当提高车速，以甩掉夹泥。

（3）若传动系统装有强制锁止式差速器，应在汽车进入车轮可能滑转地段之前挂上差速器。如果已经出现滑转再挂差速器，土壤表面已被破坏，附着系数下降，效果会显著下降。当汽车离开坏路地段，应及时脱开差速器，以免影响转向。

（4）汽车通过滑溜路面，可以在驱动轮轮胎上套上防滑链条，提高车轮的附着能力。

2 结构因素

1）发动机的功率与转矩

汽车通过坏路或无路地带时，要克服较大的道路阻力，为此，要提高汽车的通过性，就必须提高单位汽车重力发动机转矩M_e/G，或提高比功率P_e/G，这是提高汽车动力性的基础。

2）传动系统传动比

要提高动力性，就要增大传动系统传动比，故越野汽车均设有副变速器或使用两挡分动器。越野汽车增加传动系统总传动比的另一个作用是降低最低稳定车速，以减小稳定车轮对松软路面的冲击，从而减少由此引起的土壤剪切破坏概率，提高汽车通过路况不好的道路或无路地段的能力。

3）液力传动

装有液力变矩器或液力耦合器的汽车，起步时转矩增加平缓，避免了对路面的冲击，同时，不用换挡也能提高转矩，能提高汽车的通过性。

4）差速器

普通锥齿轮式差速器，由于具有在驱动轮平均分配转矩的特性，当一侧车轮出现滑转时，另一侧车轮只能产生与滑转车轮相等的驱动力，使总驱动力不能克服行驶阻力，汽车不能前进。采用高摩擦差速器，可以使转得较慢的车轮得到较大的驱动力，从而增大总驱动力，有利于提高汽车的通过性。若采用差速器，两边车轮的驱动力可以按各自的附着力来分配，改善通过性的作用更明显。

5）前、后轮距

当前、后轴采用相同的轮距，且轮胎宽度相等时，后轮可以沿前轮压实的轮辙行驶，从而使全车的行驶阻力减小，提高通过性。所以现代越野汽车普遍采用单胎，各轴轮距相等。

6）驱动轮的数目

增加驱动轮的数目，可以提高相对附着重力，获得较大的驱动力，越野汽车均采用全轮驱动。

7）涉水能力

为了提高汽车的涉水能力，应注意发动机的分电器、火花塞、蓄电池、曲轴箱通风、机油尺等处的防水密封，并保证空气滤清器不进水。

知识拓展

提起中国汽车工业的象征，莫过于红旗汽车。1958年红旗汽车诞生，宣告国产高端汽车的突破，红旗成为民族骄傲；而今，红旗乘风破浪，在高端汽车主流市场大踏步前进，而且豪华旗舰高端车型远销海外，再一次让国人为之骄傲和自豪。

改革开放以后，红旗在继续承担“国车”重任的同时，顺应时代潮流，走上市场化之路，自研开发出新型“小红旗”和“大红旗”等多个系列车型。2018年1月在人民大会堂，红旗发布了全新的品牌战略，掀开了新的篇章。当年红旗就逆市大涨，销量翻了6倍，达到3.3万辆；2019年继续暴涨203%，突破10万辆大关；2020年实现翻番，销量超过20万辆。红旗在市场化的道路上狂奔，依靠民族情怀和产品实力，引发国人热捧。

达标测试

一、填空题

1. 汽车的平顺性是指________汽车在行驶过程________所处的________和________在一定舒适度范围内的性能。

2. 减小________，降低________，可以减小由于________而引起乘员承受的加速度值，这是改善平顺性的基本措施。

3. 汽车的通过性是指汽车在一定________下能以足够高的________，通过各种________和________的能力。

4. 与________有关的汽车整车几何尺寸，称为汽车通过性的________。这些参数包括________、________、________、________和________。

二、选择题

1. 下列与汽车顶起失效有关的几何参数有（　　）。

A. 最小离地间隙　　B. 纵向通过角

C. 接近角和离去角　　D. 最小转弯直径

2. 轮胎对汽车平顺性的影响主要取决于轮胎的径向刚度，适当（　　）轮胎径向刚度，可以改善汽车平顺性。

A. 减小　　B. 增加　　C. 改变　　D. 以上都不是

3. 下列影响汽车通过性的因素中，属于使用因素的是（　　）。

A. 发动机的动力性　　B. 驱动轮数目

C. 轮胎气压　　D. 驾驶方法

三、问答题

1. 从哪些方面可以改善汽车的平顺性？

2. 评价汽车通过性的几何参数有哪些？

3. 影响汽车通过性的因素有哪些？

模块七

汽车前照灯检测

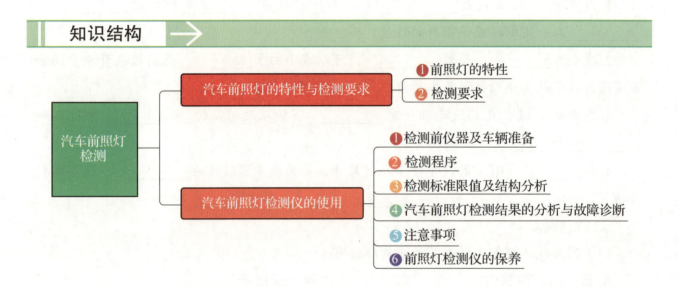

知识结构

- 汽车前照灯检测
  - 汽车前照灯的特性与检测要求
    - ①前照灯的特性
    - ②检测要求
  - 汽车前照灯检测仪的使用
    - ①检测前仪器及车辆准备
    - ②检测程序
    - ③检测标准限值及结构分析
    - ④汽车前照灯检测结果的分析与故障诊断
    - ⑤注意事项
    - ⑥前照灯检测仪的保养

知识单元　汽车前照灯的特性与检测要求

学习目标

知识：理解前照灯的配光特性和检测要求。

素养：具备节约资源、爱护环境的意识。

知识储备

一、前照灯的特性

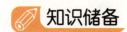

前照灯的特性包括发光强度、配光特性和照射方向。

1. 发光强度

发光强度（坎德拉，cd）是指一个光源发出频率为540THz的单色辐射，若在一定方向上的辐射强度为1/683W/sr（即1/683瓦特每球面度），则此光源在该方向上的发光强度为1cd。

照度（勒克斯，lx）表示受光表面被照明的程度。

照度＝发光强度除以受光面与光源距离的平方。

发光强度与照度之间的关系如图7-1所示。

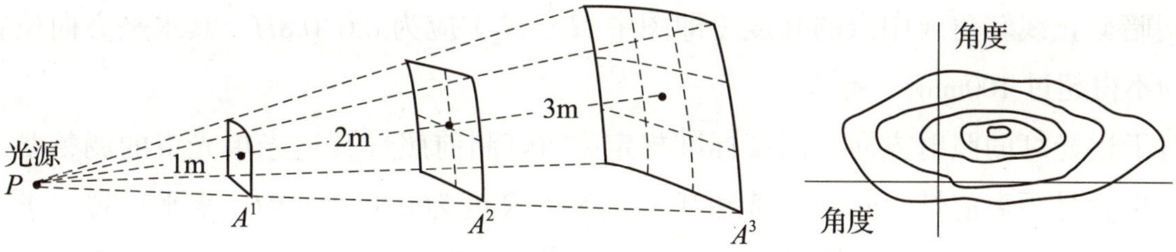

图7-1　发光强度与照度之间的关系

（a）发光强度和照度的关系；（b）角度

2. 配光特性

配光特性就是用等照度曲线（照度相同的点连接形成的曲线）表示的明亮分布特性。

前照灯配光标准：美国的SAE标准和欧洲的ECE标准。我国国家标准所规定的配光标准与ECE标准一致，按照此标准制造的前照灯属于“非对称防眩光前照灯”。

ECE配光方式有两种：一种在配光屏幕上，左半部分明暗截止线与水平的前照灯基准中线高度水平线 *h—h* 重合，右半部分明暗截止线以 *h—h* 与 *V—V* 线（汽车纵向中心平面在屏幕上的投影线）的交点为起点，呈15°向右上方倾斜，如图7-2（a）所示。另外一种配光方式，灯光在屏幕上的投影呈Z字形。左半部分投影明暗截止线在 *h—h* 线下250mm处，右半部分则先在左半部分投影明暗截止线与 *V—V* 线交点处向上倾斜45°，与 *h—h* 线相交后成为水平线，明暗截止线在屏幕上呈Z字形，如图7-2（b）所示。我国前照灯的近光灯已采用Z字形配光方式。

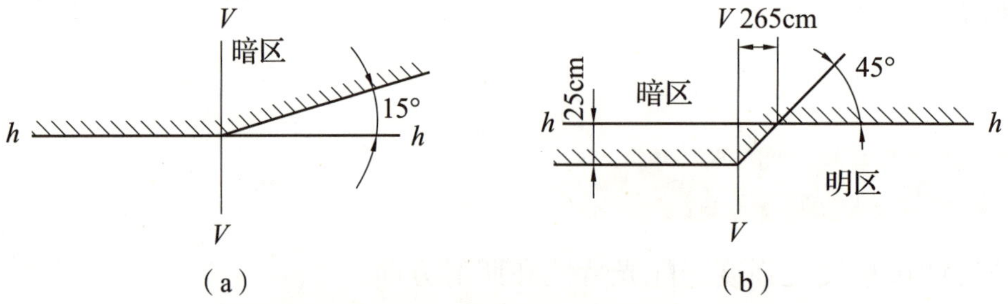

图 7-2　ECE 配光方式

3. 照射方向

如图 7-3 所示，用屏幕法检测前照灯光束照射位置可以同时用于测近光和远光。H 为前照灯基准中心的高度，D 为二灯中心间的距离。虚线表示前照灯光束的照射位置。其中 H_1、H_2 分别代表左、右灯光束中心高度，ΔD_1、ΔD_2 分别代表左、右二灯光束的水平偏移量。

检查前照灯的近光光束照射位置时，按照国家标准的规定，前照灯在距离屏幕 10m 处，光束明暗截止线转角或中点的高度（即图中 H_1、H_2）应为 0.6~0.8H，其水平方向位置向左偏移均不得超过 100mm。

对于远光灯的照射方向，国家标准规定：四灯制前照灯其远光单光束的调整要求在屏幕上（也就是距离前灯 10m 远）光束中心离地面高度为 0.85~0.90H，水平位置要求左灯向左偏不得大于 100mm（避免炫目），向右偏不得大于 170mm。右灯向左或者向右偏不得大于 170mm。

光束照射方向都只能向下偏而不能向上偏。

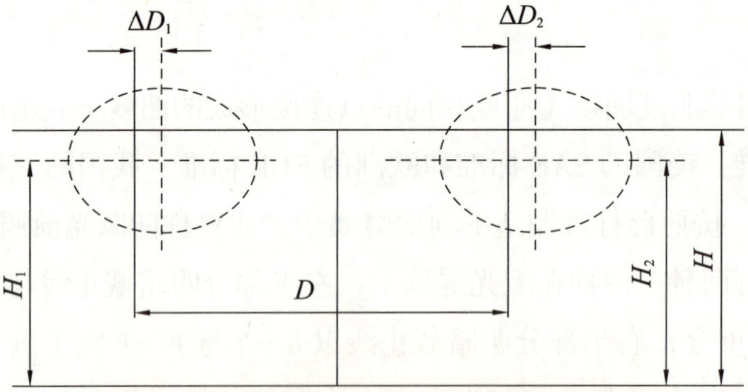

图 7-3　屏幕法检测前照灯光束照射位置

二、检测要求

1. 配光特性的要求

如图 7-4 所示，测试前照灯配光特性的方法，按有关国家标准规定，是在汽车前方 25m

处放置一屏幕，测试近光灯在屏幕上的照度分布。图中 *H* 对应前照灯的中心点，*HV* 对应右车道中心线。图中划分了Ⅰ、Ⅱ、Ⅲ、Ⅳ区，对应于路面和前方的不同位置，还标出了若干测试点，如 B50L 相当于前方 50m 距离处迎面汽车驾驶员眼睛的位置。50V 表示本车前方 50m 的路面，50L 为左侧车道 50m 处位置等。

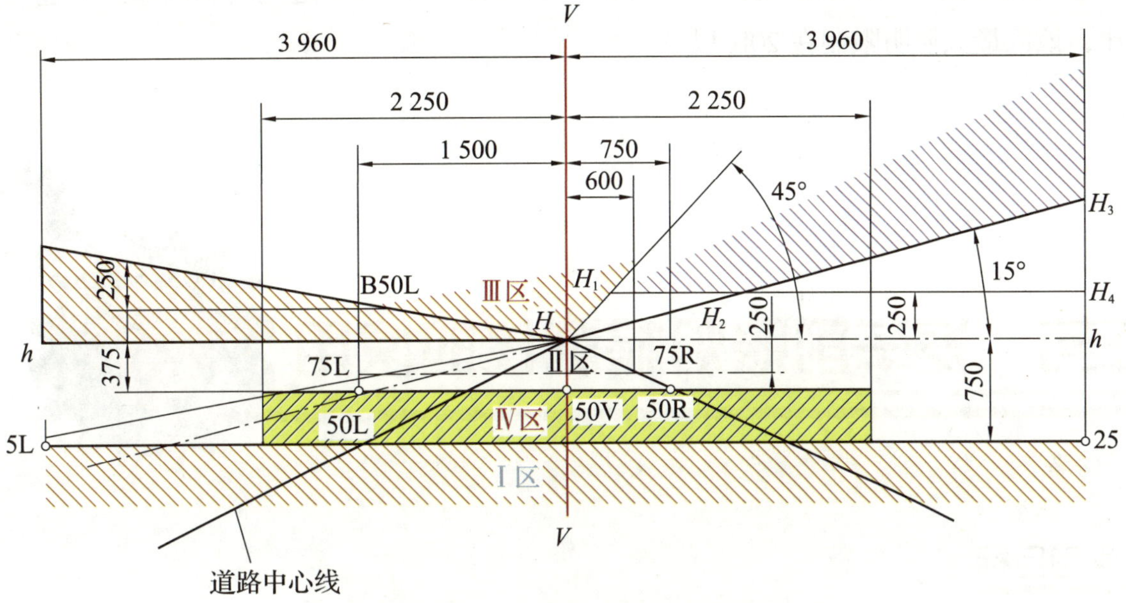

图 7-4　前照灯配光特性测试

2. 前照灯近光的配光要求

前照灯近光的配光要求：主要是在屏幕上要有明显的“明暗截止线”，如图 7-5 中的 hHH_3 线。这条线的右侧与水平方向成 15°，上方是“暗区”，下方是“亮区”。

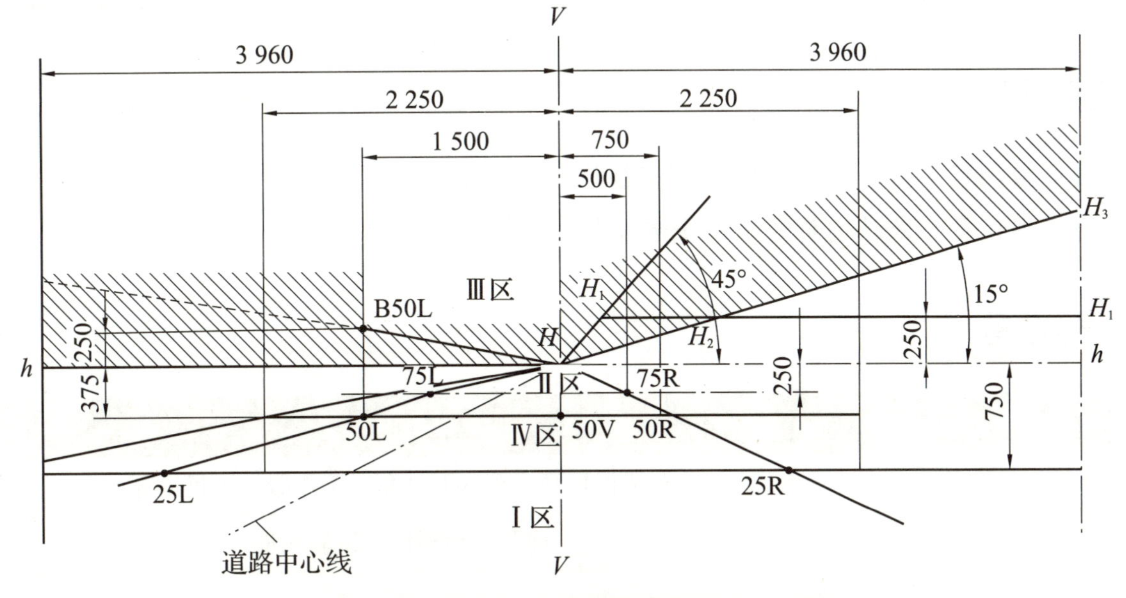

图 7-5　明暗截止线

在Ⅲ区要求尽可能暗些，该区任何点照度不大于 0.7lx；尤其是 B50L 处，照度不能超过 0.7lx，以免造成对方驾驶员炫目。

Ⅳ区代表车前方 25~50m 处路面，是近光灯最主要的照明区域。要求该区任何点的照度不小于 2lx，以保证有足够的照明。

Ⅰ区代表车前 10~25m 近处路面，是照得最亮的区域。为了避免周围区域产生过大的明暗对比，该区最大照明限制在 20lx 以下。

任务　汽车前照灯检测仪的使用

学习目标

知识：1. 掌握汽车前照灯的检测方法；
　　　2. 了解汽车前照灯检测仪的结构和工作原理。
技能：1. 学会正确使用前照灯检测仪；
　　　2. 学会前照灯的光强和光束照射位置的检测。
素养：具备安全、规范操作的素养。

任务分析

前照灯检测仪是按一定测量距离放在被检车辆的对面，用来检测前照灯发光强度与光轴偏斜量的专用设备。光轴偏斜量表示光束照射位置。

任务准备

准备项目	准备内容
防护用品准备	车辆保护套、车内五件套、工作服、护目镜等
场地准备	前照灯检测仪、试验场地

任务实施

一、检测前仪器及车辆准备

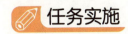

（1）前照灯光束照射位置检验及前照灯远光光束发光强度测量应使用具备远近光光束照射位置检验功能的前照灯检测仪。

（2）前照灯检测仪的计量性能应符合有关计量检定规程的要求。

（3）检测仪受光面应清洁。

（4）对手动式前照灯检测仪应检查其电池电压是否在规定范围内。

（5）轨道内应无杂物，使仪器移动轻便。

（6）前照灯应清洁。

二、检验程序

（1）车辆正直居中行驶，在前照灯离检测灯箱 1m（或根据说明书要求的距离）处停车。

（2）车辆发动机处于怠速状态，置变速器于空挡，电源处于充电状态，开启前照灯远光。

（3）启动前照灯检测仪开始测量，不同型号的检测仪操作方法不同，请按说明书要求操作。

（4）在并列的前照灯（四灯制）进行检测时，应将与受检灯相邻的灯遮蔽。

（5）检测完毕，前照灯检测仪归位，车辆驶离。

三、检测标准限值及结构分析

根据 GB 7258—2012《机动车运行安全技术条件》的规定，汽车前照灯的检验指标为光束照射位置的偏移值和发光强度（cd）。

1. 前照灯发光强度要求（见表 7-1）

表 7-1　前照灯远光光束发光强度检测标准

机动车类型	检查项目			
	新注册车		在用车	
	两灯制	四灯制	两灯制	四灯制
最高设计速度小于 70km/h 的汽车	10 000	8 000	8 000	6 000
其他汽车	18 000	15 000	15 000	12 000
四灯制是指前照灯具有 4 个远光光束；采用四灯制的机动车，其中两只对称的灯达到两灯制的要求时视为合格。				

2. 前照灯光束偏移量检测标准

（1）在检验前照灯近光光束照射位置时，前照灯照射在距离10m的屏幕上时，乘用车前照灯近光光束明暗截止线转角或中点的高度应为0.7*H*~0.9*H*（*H*为前照灯基准中心高度，下同），其他机动车（拖拉机运输机组除外）应为0.6*H*~0.8*H*。机动车（装有一只前照灯的机动车除外）前照灯近光光束水平方向位置向左偏不允许超过170mm，向右偏不允许超过350mm。

（2）轮式拖拉机运输机组装用的前照灯近光光束照射位置，按照上述方法检验时，要求在屏幕上光束中点的离地高度不允许大于0.7*H*；水平位置要求，向右偏不允许超过350mm，不允许向左偏移。

（3）在检验前照灯远光光束及远光单光束照射位置时，前照灯照射在距离10m的屏幕上时，要求在屏幕光束中心离地高度，对乘用车为0.9*H*~1.0*H*，对其他机动车为0.80*H*~0.95*H*；机动车（装有一只前照灯的机动车除外）前照灯远光光束水平方向位置要求，左灯向左偏不允许超过170mm，向右偏不允许超过350mm。右灯向左或向右偏均不允许超过350mm。

四、汽车前照灯检测结果的分析与故障诊断

（1）前照灯发光强度偏低：在前大灯照射位置正确的前提下，应检查反光镜的光泽是否明亮，灯泡是否老化，蓄电池到灯座的导线电压降是否过大，是否存在搭铁不良等原因。

（2）前照灯光束照射位置偏斜：可在前大灯检测仪上通过大灯上的调整装置进行调整。

（3）劣质大灯的问题：没有光形；前照灯近光亮区暗；前照灯近光暗区漏光；前照灯远光亮区暗。原因：配光镜和反光镜的角度、弧线以及它们之间的相互配合存在设计问题；配光镜材质问题，对光的吸收率高；反光罩加工粗糙，材料低劣，造成反光率差。

五、注意事项

（1）停车位置要准确，车身纵向中心线要垂直于前照灯受光面，否则会影响光束左右偏测量的准确性。

（2）初检与复检时尽量由同一检验员引车操作，驾驶员体重的变化会对光束上下偏测量的准确性和重复性造成影响，尤其对微型车影响较大。

（3）前照灯检测仪正在移动或将要移动时，严禁车辆通过。

（4）检测完毕后车辆要及时驶离，车身不得长时间挡住轨道。

六、前照灯检测仪的保养

（1）仪器的立柱应保持清洁，并每天加润滑油少许，以利滑行。

（2）导轨的表面应保持洁净，去除油泥、小石子等。严禁加油润滑表面。

（3）每年对灯光仪进行校准。

任务评价

教师评价反馈	成绩:

请实训指导教师检查本组任务完成情况，并针对实训过程中出现的问题提出改进措施及建议。

序号	评价标准	评价结果
1	规范完成维修作业前检查及车辆防护	
2	将车辆停放到规定位置	
3	根据灯光在屏幕上的位置进行测量	
4	使用光度计测量光照强度	
5	使用灯光检测仪检测灯光位置	
6	保障操作的安全性	
综合评价	☆ ☆ ☆ ☆ ☆	
综合评语（作业问题及改进建议）		

自我评价反馈	成绩:

请根据自己在课堂中的实际表现进行自我反思和自我评价。

自我反思:____

____。

自我评价:____

____。

任务拓展

一、案例

夜间某客户驾驶车辆在道路上行驶时，发现不近光的照射位置偏低，驾驶视线受到影响。于是将车送至4S店进行前照灯的检测。对前照灯检测后发现，前照灯照射位置失准，经过维修人员的维修调整，灯光恢复正常。

二、感悟

前照灯是汽车夜间行驶或能见度较低时，为驾驶员提供照明的安全设备。所以前照灯要满足相应的技术要求，包括强度和照射方向等，前照灯性能变差很容易造成事故的发生。作为汽车修理工，要担负起责任，为客户安全负责。

达标测试

一、填空题

1. 前照灯的特性可分为__________、__________和__________三个部分。

2. 用投影式前照灯检测仪测量前照灯时，应与前照灯相距__________m距离。

3. 屏幕法测量前照灯时，使前照灯基准中心距屏幕__________m。

二、选择题

1. 用前照灯检测仪进行检测时，主要检测前照灯的（　　）。

A. 发光颜色　　B. 照射距离和范围

C. 发光强度和光轴偏斜量　　D. 功率大小

2. 在进行汽车前照灯的检测时，发动机的状态为（　　）。

A. 电源系统处于放电状态　　B. 电源系统处于充电状态

C. 电源系统处于无电状态　　D. 发动机处于熄火状态

3. 前照灯检测仪光轴偏斜量的检测原理是在光轴检测电路中有（　　）。

A. 4块光电池　　B. 4个受光器

C. 4个执行器　　D. 4个发光元件

三、问答题

1. 前照灯检测仪有哪几种类型？简述其工作原理。

2. 简述前照灯发光强度和光轴偏斜量的检测原理。

3. 前照灯检测仪的使用注意事项有哪些？

模块八

汽车排放物的危害及检测

知识结构

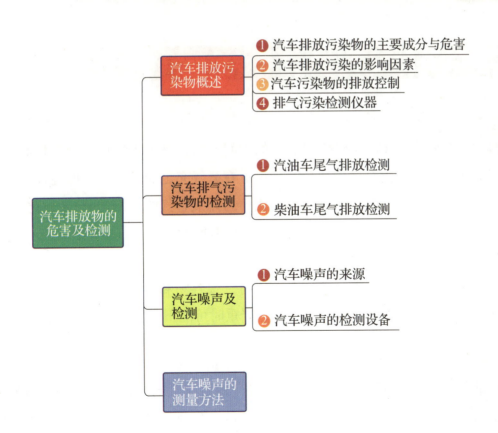

- 汽车排放物的危害及检测
  - 汽车排放污染物概述
    1. 汽车排放污染物的主要成分与危害
    2. 汽车排放污染的影响因素
    3. 汽车污染物的排放控制
    4. 排气污染检测仪器
  - 汽车排气污染物的检测
    1. 汽油车尾气排放检测
    2. 柴油车尾气排放检测
  - 汽车噪声及检测
    1. 汽车噪声的来源
    2. 汽车噪声的检测设备
  - 汽车噪声的测量方法

知识单元一　汽车排放污染物概述

学习目标

知识：1. 掌握汽车排放污染物的主要成分与危害；
2. 熟悉汽车排放污染物的影响因素；
3. 熟悉汽车污染物的排放控制。
素养：具备节约资源、爱护环境的意识。

知识储备

一、汽车排放污染物的主要成分与危害

1. 一氧化碳（CO）

汽车排放污染物中的 CO 是烃燃料燃烧的中间产物，是由于燃烧时氧气相对不足而产生的，其生成量主要取决于混合气的成分。理论上在氧气充足的情况下（即混合气空燃比不小于 14.7），燃料燃烧将不产生 CO，但实际上由于可燃混合气的不均匀分布，总会出现局部缺氧的情况，使得废气中有一定量的 CO，当空气量不足（即混合气空燃比小于 14.7）时，必然会有部分燃料不能完全燃烧而生成 CO。

CO 是一种无色无味的气体，被吸入人体时，很容易和血红蛋白结合，并输送到体内，从而阻碍氧的运输，造成人体一氧化碳中毒，严重时可能引起窒息，甚至死亡。

2. 碳氢化合物（HC）

汽车排放污染物中的 HC 是不完全燃烧的产物之一，同时也来自汽油的蒸发、曲轴箱窜气。不完全燃烧的原因主要是可燃混合气过浓、发动机温度低、电火花弱、点火不正时等。

一般情况下，HC 不会对人们的身体健康造成危害，但当 HC 的浓度达到相当高的水平

时，会对人体产生明显影响。此外，HC 也是产生光化学烟雾的重要成分。

3. 氮氧化合物（NO_x）

汽车排放污染物中的 NO_x 是高温燃烧的产物，氮气在高温（1 400℃以上）和氧结合生成氮氧化合物。其生成量取决于三个因素：氧的浓度、温度及反应时间。发动机燃烧温度越高，生成的氮氧化合物就越多。氮氧化合物中有 97%~98% 是 NO，如果空气中有高浓度的 NO，会引起神经中枢的障碍，并且很容易被氧化成剧毒的 NO_2，NO_2 有特殊的刺激性臭味，严重时会引起肺气肿。另外，HC 与 NO_2 混合物在紫外线作用下进行光化学反应，形成主要成分为 O_3（臭氧）的黄色烟雾，该现象称为“光化学烟雾”。在大气中产生的臭氧等过氧化物，对人的眼、鼻和咽喉黏膜有较强的刺激作用，引起结膜炎、鼻炎、支气管炎等症状，并伴随难闻的臭味，严重时可致癌。

4. 硫氧化物（SO_2）

汽车排放污染物中还有硫氧化物，其主要成分为 SO_2。如果汽车使用了催化净化装置，会大大减少尾气中 SO_2 的含量。这时少量的 SO_2 会逐渐在催化剂表面堆积，造成催化剂中毒，危害催化剂的使用寿命。SO_2 也会对人类的健康造成危害。另外，SO_2 还是造成酸雨的主要物质。

5. 二氧化碳（CO_2）

世界工业化进程引起的能源大量消耗导致大气 CO_2 的剧增。其中，约 30% 来自汽车排放。CO_2 为无色无毒气体，对人体无直接危害，但随着大气中的 CO_2 大幅度增加，因其对红外热辐射的吸收而形成的温室效应，会使全球气温上升、南北极冰层融化、海平面上升、沙漠趋势加剧，使地球的生态环境遭到破坏。近年来对 CO_2 的控制也已上升为汽车排放研究的重要课题。

6. 浮游微粒（PM）

汽油机排放的主要微粒为铅化物、硫酸盐、低分子物质。柴油机中的主要微粒为石墨形的含碳物质（碳烟）和高分子量有机物（润滑油的氧化和裂解产物）。柴油机的微粒量比汽油机多 30~60 倍，成分比较复杂。碳烟中除含有直径为 0.1~10μm 的多孔性碳粒外，往往黏附有 SO_2 及致癌物质，如果被人体吸入肺部沉淀下来，会严重危害人体健康。

二、汽车排放污染物的影响因素

通过上述分析可知，汽车排放污染物主要是指可燃混合气没有充分燃烧形成的碳氢化合物、氮氧化合物、一氧化碳、碳烟等。汽车排放污染物生成量除受可燃混合气浓度影响外，还受点火时间、配气相位、压缩比、燃烧室结构、燃油性质、汽车的技术状况等影响。

1. 可燃混合气浓度

可燃混合气浓度对 CO、HC、NO_x 的影响如图 8-1 所示。在实际空燃比小于理论空燃比（约 14.7）的范围内，随着空燃比的降低，混合气变浓，CO、HC 的生成量增多，NO_x 的生成量减少。空燃比约为 16 时，CO、HC 的生成量最少，而 NO_x 的生成量最大。随着空燃比进一步升高，会因为混合气的局部缺氧，仍有少量的 CO 生成；但由于混合气过稀（空燃比大于 18），发动机工作不稳定，燃烧速度变慢，燃烧温度降低，使 HC 的生成量增加，NO_x 的生成量则迅速下降。

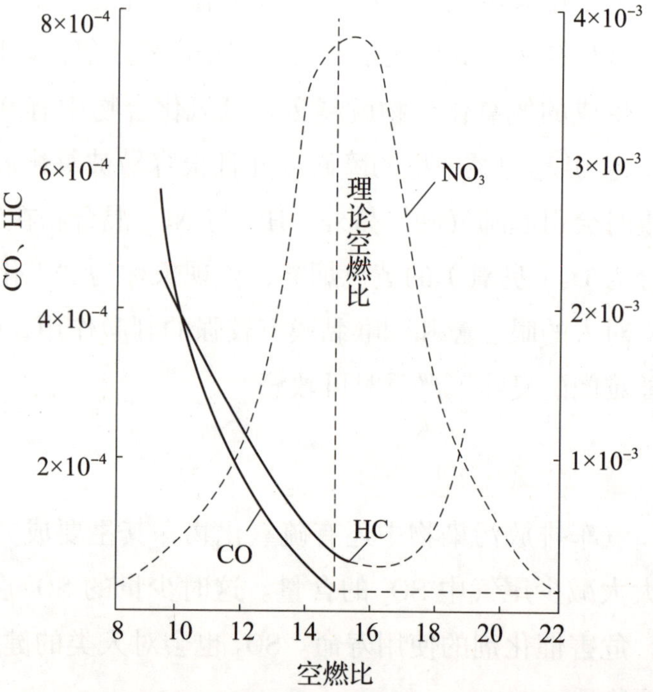

图 8-1 可燃混合气浓度对 CO、HC、NO_x 的影响

2. 点火时间

汽油机的点火时间与可燃混合气浓度对 NO_x 排放量的影响如图 8-2 所示。点火提前角增大时，燃烧室内的最高压力和温度提高，NO_x 的排放浓度增大。点火提前角对 CO 的影响较小，而对 HC 的影响较大，如图 8-3 所示。

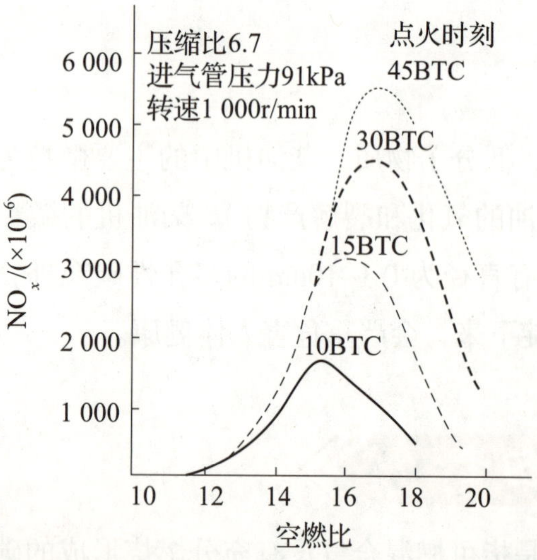

图 8-2 汽油机点火时间与可燃混合气浓度对 NO_x 排放量的影响

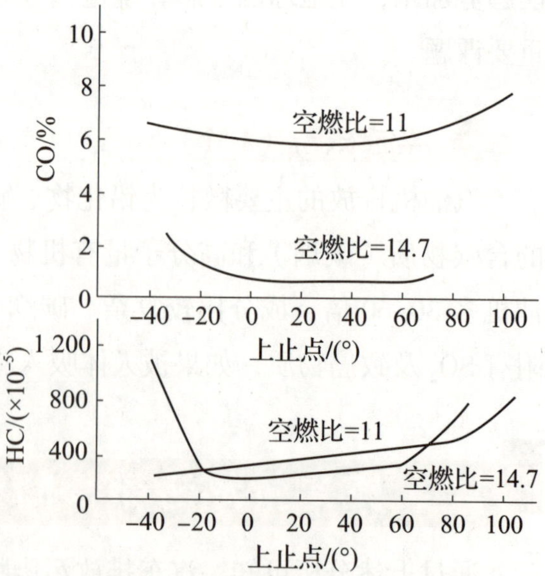

图 8-3 点火提前角对 CO、HC 的影响

柴油机喷油提前角与排放污染物生成量的关系如图 8-4 所示。随着喷油提前角的增加，气缸内最高温度升高，NO_x 的生成量增加，HC 减少，CO 基本不变。

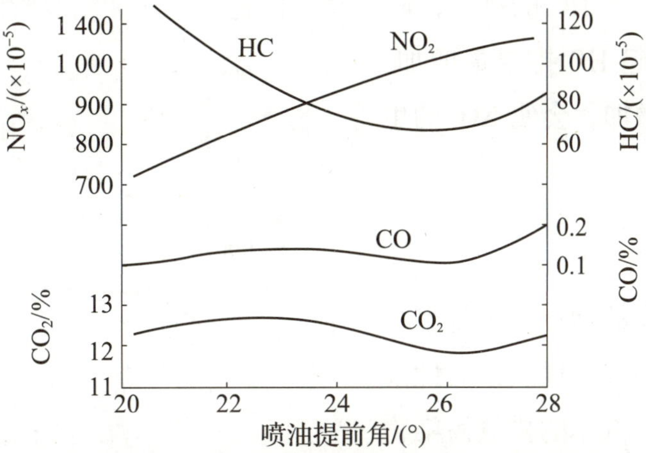

图 8-4　柴油机喷油提前角与排放污染物生成量的关系

3. 配气相位

气缸内残余废气的多少对 NO_x 的生成量有很大影响。残余废气增多，稀释了可燃混合气，降低了燃烧室中的最高温度，使得 NO_x 的生成量减少。气缸中的残余废气受配气相位的影响。

排气门早关，会因废气排放不完全，而使 NO_x 的生成量减少，该措施对于高转速时有效。进气门早开，会使可燃混合气被废气稀释，而使 NO_x 的生成量减少，该措施对于部分负荷或低转速有效。较长的气门重叠（即早开进气门，早关排气门），特别在低转速和部分负荷的情况下，因可燃混合气被废气强烈稀释而减少 NO_x 的生成量。

气门重叠（即早开进气门，早关排气门）位置提前，在高速时对 NO_x 的减少有利；气门重叠位置延迟，则在低速时对 NO_x 的减少有利。

4. 压缩比

压缩比对排放污染物生成量的影响如图 8-5 所示。提高发动机的压缩比可使发动机热效率提高，但燃烧室的最高温度也会相应提高，从而使 NO_x 的生成量增加。因此，发动机的压缩比不能过高。

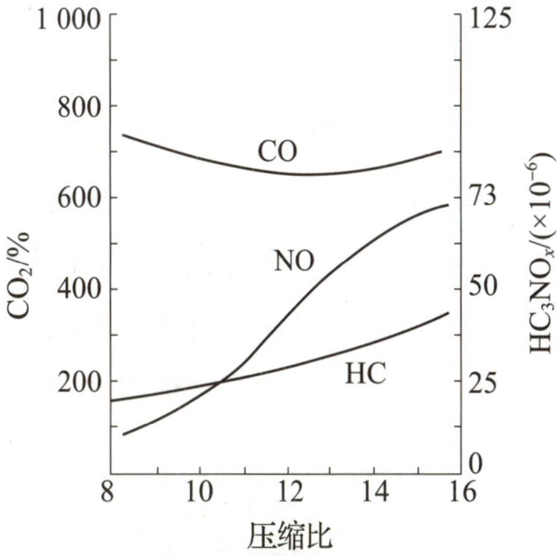

图 8-5　压缩比对排放污染物生成量的影响

5. 燃烧室结构

燃烧室壁面温度相对较低，接近燃烧室壁面的可燃混合气不能充分燃烧，使得 HC 的生成量增加。因此，采用面容比（燃烧室面积 / 燃烧室容积）小的燃烧室有利于减少 HC 的排放。

6. 燃油性质

燃油的蒸发性影响到 HC 的排放，燃油蒸发性越强，从油箱及管路中溢出燃油蒸气的可能性就越大，容易引起 HC 排放量增加。燃油中芳香烃成分的增加，会使 NO_x 的生成量增加。

7. 汽车的技术状况

随着汽车行驶里程的增加，其技术状况逐渐变差，在汽车的经济性、动力性及可靠性等下降的同时，汽车的排放污染物随之增大。CO、HC 的排放量与汽车行驶里程的关系如图 8-6 所示。

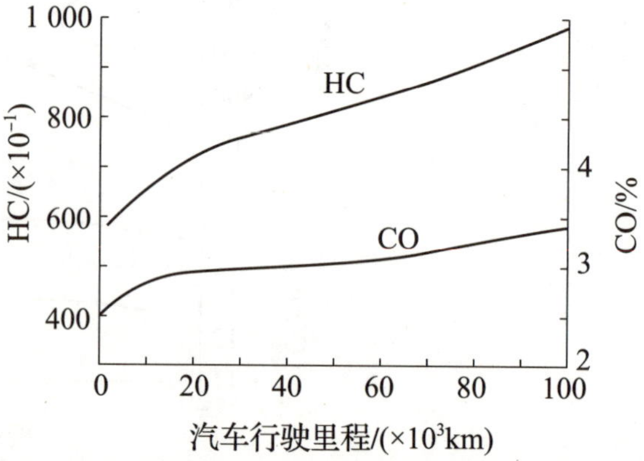

图 8-6　CO、HC 的排放量与汽车行驶里程的关系

三、汽车污染物的排放控制

控制汽车污染物排放的技术可以分为两类：降低污染物生成量的技术，又称为机内净化技术；净化或处理发动机排出污染物的技术，又称为机外净化技术。随着发动机技术的进步和发展，目前车辆排放控制的机内、机外净化技术都达到了比较完善的地步。现代汽油发动机排放控制较为成熟的技术主要有以下几个方面。

1. 发动机结构优化技术

发动机结构优化技术，如采用多气阀进气机构、组织进气气流、对燃烧室加以改进等。通过改善发动机燃烧状况，提高燃烧效率，降低发动机一氧化碳（CO）、碳氢化合物（HC）的生成量。

2. 闭环电控发动机管理技术

闭环电控发动机管理技术包括电控燃油喷射和电控点火。这是一种精确控制发动机供油过程和点火过程的技术，并能根据反馈控制使发动机始终工作在最佳状态。一方面可以有效降低发动机一氧化碳（CO）、碳氢化合物（HC）的生成量，另一方面为三效催化转化器创造条件（为保证三效催化转化器正常有效地工作，要求空燃比始终在理论值的范围内，以免造成环境污染）。

3. 燃油蒸发污染物控制技术

燃油蒸发污染物控制技术是一种对油箱和供油系统排出汽油蒸气污染物进行控制的技

术，可控制汽油车 20% 左右的碳氢化合物（HC）排放。

4. 闭式曲轴箱通风技术

闭式曲轴箱通风技术是一种控制发动机曲轴箱窜气造成环境污染的技术。该技术在国内若干年前就已普遍使用，可控制汽油车 20% 左右的碳氢化合物（HC）排放。

5. 废气再循环技术

废气再循环技术是一种将发动机排气引入进气中，通过降低发动机气缸内氧气的相对含量和最高燃烧温度来减少氮氧化物（NO_x）生成量的技术，可降低 40%~60% 的氮氧化物（NO_x）生成量。

采用废气再循环技术必须十分谨慎，因为废气再循环量过大会破坏发动机正常的燃烧状况，使车辆动力性和经济性等各项性能下降。

6. 三效催化转化器技术

三效催化转化器技术是一种利用氧化和还原反应，将汽车排气中的一氧化碳（CO）、碳氢化合物（HC）、氮氧化物（NO_x）同时转化成无害的二氧化碳（CO_2）、氮气（N_2）、水（H_2O）的技术。在一定条件下，该技术对污染物的转化效率可达 80% 以上，是目前最为有效的汽油车机外净化技术。但是，为保证其工作效能，需要发动机具备闭环电控系统，并燃用无铅汽油。

7. 改进油料

燃油的质量、组分、添加剂对排放均有一定影响。因此，改进油料的质量和组分是进一步降低车辆污染物排放的有效方法。

四、排气污染检测仪器

1. 不分光红外线吸收型分析仪

汽油机排气管中的 CO、HC、NO、CO_2 等气体都分别具有吸收一定波长范围红外线的性质，如图 8-7 所示。而且，红外线被吸收的程度与排气浓度之间有一定的关系。不分光红外线吸收型分析仪就是利用这一原理，即根据检测红外线前后能量的变化来检测排气中各种污染物的含量。在各种气体混在一起的情况下，这种检测方法具有测量值不受影响的特点。

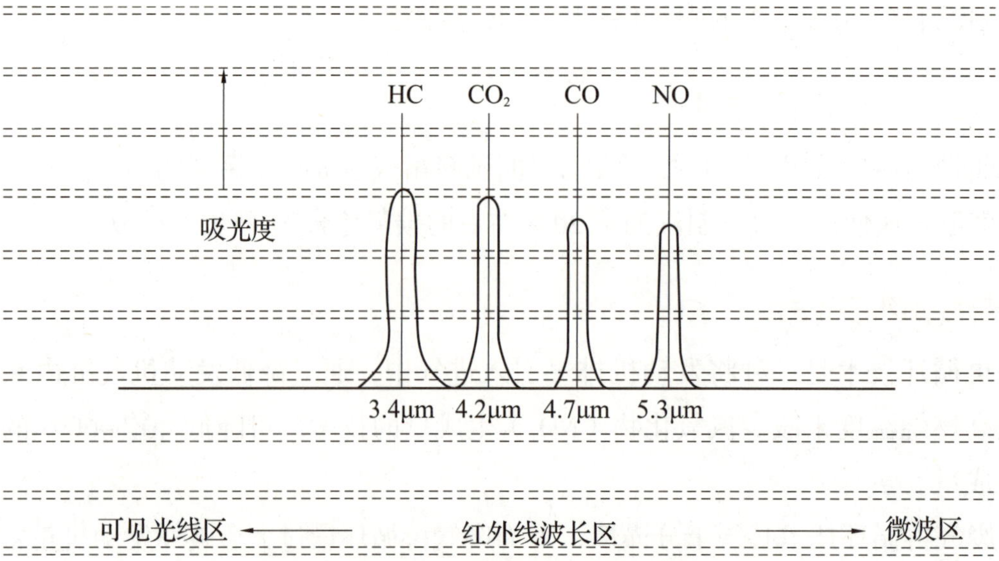

图 8-7　4 种气体吸收红外线的情况

不分光红外线 CO 和 HC 两气体分析仪是从汽车排气管中采集气样，并对其中的 CO 和 HC 含量连续进行测量。常用的有 MEXA-324F 型汽车尾气分析仪，如图 8-8 所示，其主要由尾气取样装置、尾气分析装置、浓度指示装置和校准装置等组成。

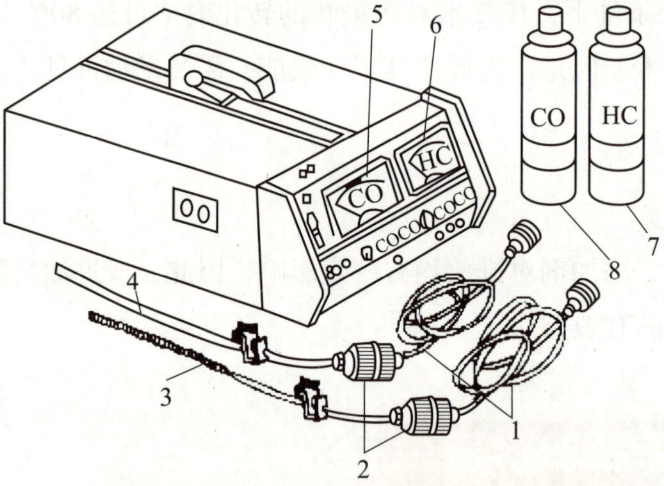

图 8-8　MEXA-324F 型汽车尾气分析仪

1—导管；2—滤清器；3—低含量取样探头；4—高含量取样探头；5—CO 指示仪表；6—HC 指示仪表；7—标准 HC 气样瓶；8—标准 CO 气样瓶

1）尾气取样装置

如图 8-9 所示，尾气取样装置主要由探头、滤清器、导管、水分离器和泵等组成。该装置通过探头、导管和泵从车辆排气管中采集尾气，再用滤清器和水分离器滤掉尾气中的粉尘和少量的水，只把尾气送入分析装置。

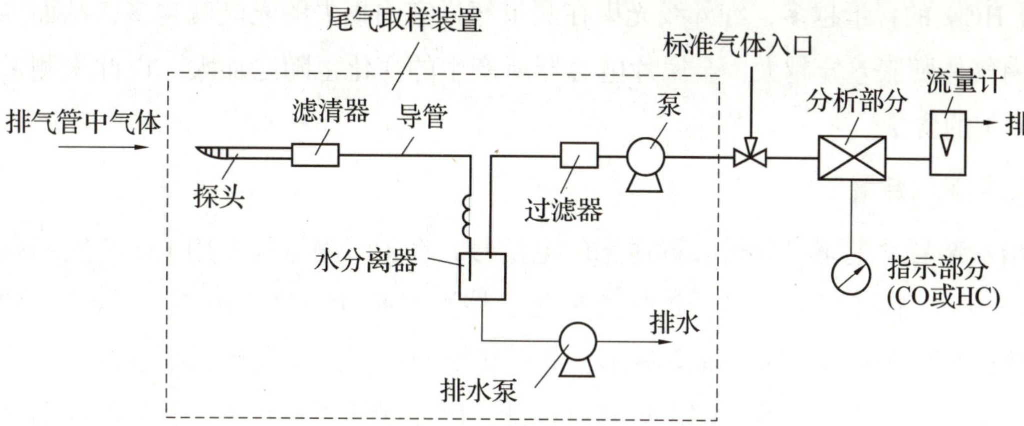

图 8-9　尾气分析仪工作流程

2）尾气分析装置

这种分析仪的测量原理的前提是一种气体只能吸收一种波长的红外线，即大多数非对称分子对红外线波段中的特定波长具有吸收功能，并且其吸收程度还与被测气体的浓度有关。该尾气分析仪的尾气分析装置由红外线光源、测量气样室、标准气样室、遮光扇轮和检测室等组成。从取样装置输送来的多种气体共存于尾气中，通过非分散性红外线分析装置分析被测气体中 CO 和 HC 的浓度，再用电信号将其输送到浓度指示装置，并显示出来，工作原理如图 8-10 所示。

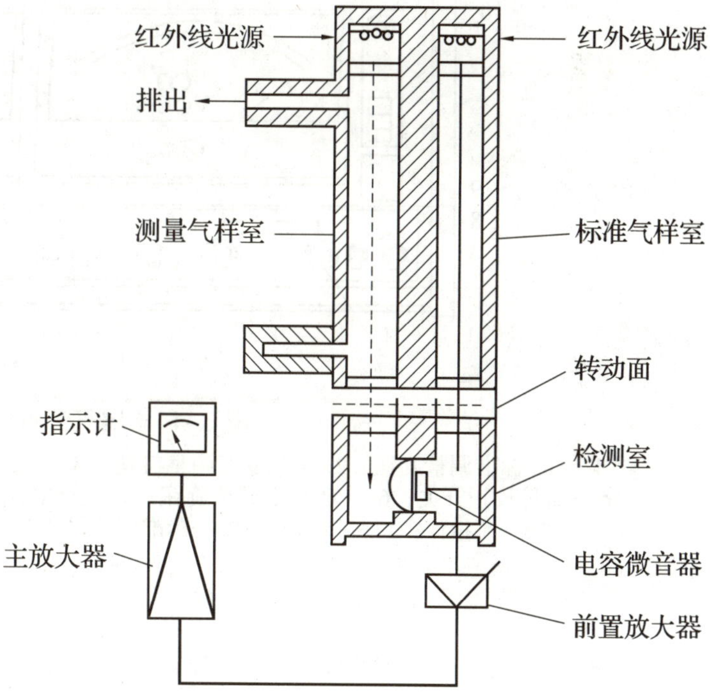

图 8-10　电容微音器式分析装置

它由两个同样的红外线光源发出同等量的红外线光束，一束穿过测量气样室，另一束穿过标准气样室。在标准气样室内充满不吸收红外线的氮气，使红外线能顺利通过；在测量气样室连续充入被测试的尾气，由于尾气中含有 CO 和 HC，当红外线光束穿过时，红外线光能受损，从而使两束红外线光分别穿过测量气样室和标准气样室后到达检测室时，两束光的能量形成差异。检测室内充以适当浓度的与被测气体相同的气体（测量 CO 的仪器内充 CO，测量碳氢化合物的仪器内充正己烷），并在检测室中部设有隔膜，将检测室分隔成两个独立的封闭腔。测量时，由于两个腔所接受的红外线光能不相等，因而两个腔内的气体膨胀程度也不一致，致使两腔之间的膜片弯曲。该膜片与电容器的一只金属片相连，由金属片的位移引起电容量变化，这一微弱信号经过放大器放大，即可在显示仪表上指示出来。也就是说，发动机尾气中 CO（或 HC）的含量越多，红外线光束在测量气样室内损失的光能就越多，从而导致检测室两个腔内气体膨胀差异越大，金属片电容器所产生的变化也随之加大，以此来测量尾气中 CO（或 HC）的含量。

3）浓度指示装置

浓度指示装置是把尾气分析装置送来的电信号，在 CO 测量仪上用 CO 浓度容积的百分数显示出来；HC 测量仪上将 HC 浓度换算成正己烷浓度并以 10^{-6} 为单位，表示其浓度容积。图 8–11 用零点调整旋钮、标准调整旋钮、量程转换开关，使仪表指示零位及指示值量程得到调节。另外，由于指示计的一端设置有流量计，因而能够了解到尾气在流经仪器测试系统过程中的异常情况。

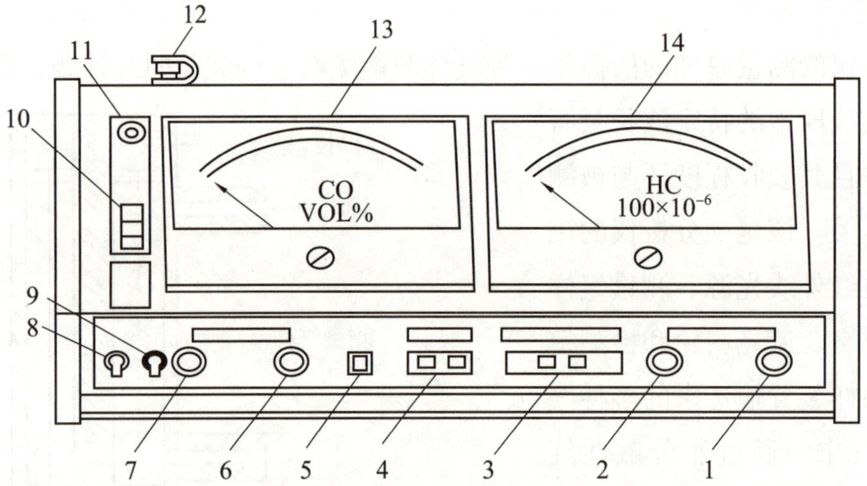

图 8–11　尾气分析仪面板

1—HC 标准调整旋钮；2—HC 零点调整旋钮；3—HC 量程转换开关；4—CO 量程转换开关；5—简易校正开关；6—CO 标准调整旋钮；7—CO 零点调整旋钮；8—电源开关；9—泵开关；10—流量计；11—指示计；12—标准气样注入口；13—CO 指示表；14—HC 指示表

4）校准装置

校准装置是为了维持分析仪指示精度，使其能正确地显示指示值的一种装置。校准装置分为加入标准气样进行校准的校准装置和直接对指示值进行机械校正的简易校准装置。

标准气样校准装置是把标准气样从分析仪的一个专用注入口中直接送到尾气分析装置，再通过比较标准气样浓度值和仪表指示值的方法进行校准的装置。

简易校准装置通常是用遮光板来改变通过分析仪测量气样室侧的红外线数量，从而进行简单校准的装置。

2. 化学发光法气体分析仪

鉴于目前实施的怠速工况测定 CO、HC 两种气体的排气检测手段已无法有效地反映汽车排气污染物对大气的污染现状，更不能满足环保部门对全球环境进行全面严格监测的要求。

因此，除测定 CO、HC 外，还必须测定汽车排气中的 NO_x 和 CO_2。

汽车排气中的含氧量是装有电控燃油喷射式发动机的汽车计算机监测空燃比、控制排放量、保护三元催化转化器正常工况的重要信号。因此，现代开发的汽车尾气分析仪又增加了 O_2 的测试功能。

对于这 5 种气体成分的浓度通常采用两类不同方法来测定，其中 CO、CO_2、HC 通过不分光红外线不同波长能量吸收的原理来测定，可获得足够的测试精度。而 NO_x 与 O_2 的浓度通常采用电化学的原理来测定，排气中含氧量的浓度通过在测试通道中设置氧传感器即可测定。NO_x（NO、NO_2）浓度可采用化学发光法的原理进行精确测定。

利用化学发光法检测 NO_x（NO、NO_2）浓度的基本原理如图 8-12 所示。通过适当的化学物质（如不锈钢或碳化物、钼化物）将排气中的 NO_2 全部还原成 NO。NO 与 O_3 在气态接触时发生化学反应生成某些激发态的 NO_2* 分子。这些激发态的 NO_2* 分子衰减到基本态 NO_2 时会发出波长为 0.59~2.50μm 的光量子。其发光强度与排气中存在的 NO 的质量流量成正比。使用适当波长的光电检测器（如光电二极管）即可根据检测计信号强弱换算出 NO 的含量，这种方法简称 CLD 法。

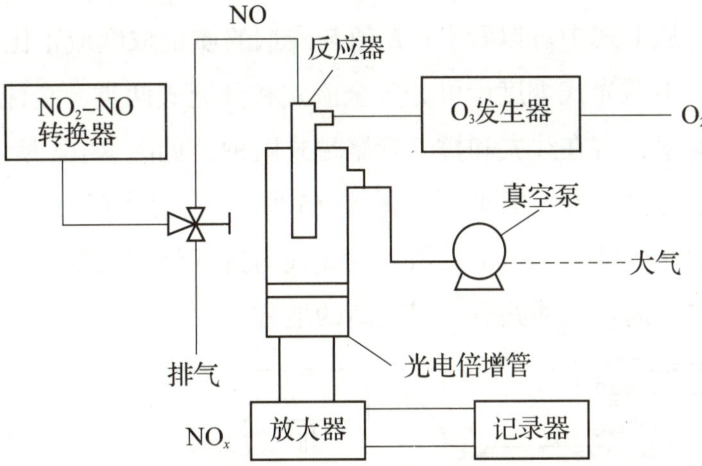

图 8-12 CLD 测试过程

化学发光法气体分析仪从原理上讲只能测量 NO，而无法测量 NO_2。但实际应用中可以先通过适当的转换将 NO_2 还原成 NO，然后再进行 NO 的测量，即可用间接方法测出 NO_2。因此，用同一仪器也可测得 NO_2 和 NO。

因 CLD 法测定 NO_x 浓度的设备结构较复杂，故市场上提供的在线快速检测用五废气分析仪没有被采用，而多根据与 CO、CO_2、HC 相同的不分光红外线原理来测定，但需说明的是，对于 NO_x 来说，这种方法测定的精度较低。

3. 不透光式烟度计

根据《车用压燃式发动机和压燃式发动机汽车排气烟度排放限值及测量方法》规定，应采用光吸收系数来度量可见污染物的大小，并且规定使用不透光度仪测量压燃式发动机和装用压燃式发动机车辆的可见污染物。

不透光式烟度计是一种利用透光衰减率来测定排气烟度的典型仪器。如图 8-13 所示，不透光式烟度计的主要元件有光源、充满排气并有一定长度的光通路及放置在光源对面将透光信号转变成电信号的光电元件。光电元件的输出电压与烟气所造成的光强度衰减成正比。

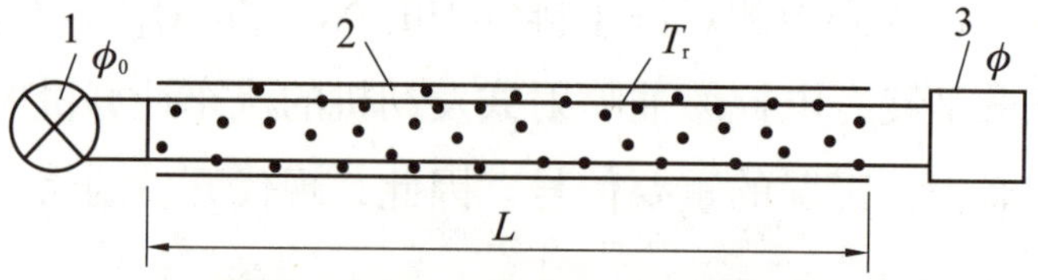

图 8-13　不透光式烟度计测量原理

1—光源；2—烟气测量管；3—光电管检测器

通常，不透光法测得的不透光度（即烟度）N 用百分比表示，即

$$N=100\left(1-\frac{\varphi}{\varphi_0}\right)$$

式中　φ——有烟时的光强度；

φ_0——无烟时的光强度。

光吸收系数 K 与不透光度 N 之间的关系为

$$K=\left(1-\frac{1}{L}\right)\ln\left(1-\frac{N}{100}\right)$$

从上式中可以看出，K 值与碳烟的质量浓度成正比。

不透光式烟度计可分为全流式和分流式两类，全流式不透光烟度计测量全部排气的透光衰减率，有在线式和排气管尾端式两种，如图 8-14 所示。美国 PHS 烟度计就是一种全流式不透光烟度计，其原理如图 8-15 所示。在排气管口端不远处的排气烟束两侧分别布置有光源和光电池，光电池接收到的光线与排气烟度成反比。为了不受排气热影响，光源和光电元件置于离排气通路有一定距离的地方。

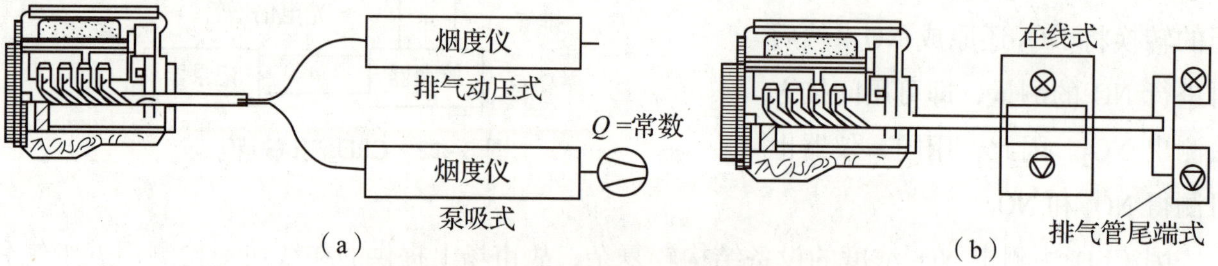

图 8-14　不透光式烟度计的形式

（a）分流式；（b）全流式

分流式不透光烟度计是将排气中的一部分烟气引入测量烟气取样管，送入烟度计进行连续分析的。

此外，还有一种便携式的分流式烟度计，可直接插在排气管尾部或中部接口，安装及使用都较方便，适用于现场检测。由于烟是连续不断通过测试管的，因此不论稳态、非稳态和过渡状态，烟度的测定都很方便。但是由于光学系统的

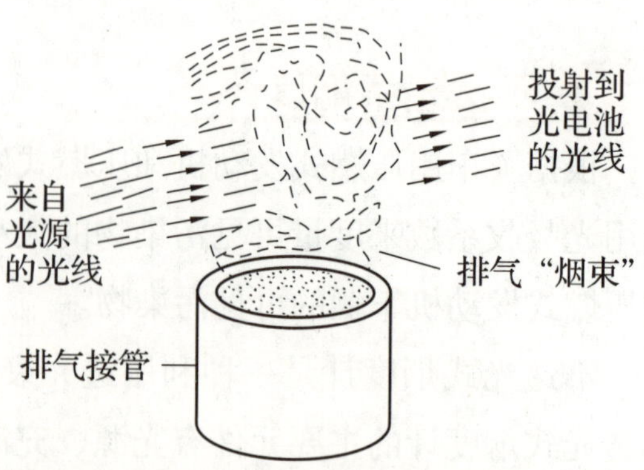

图 8-15　不透光式烟度计的形式

污染，这种烟度计测定中容易产生误差，因此必须注意清洗，而排气烟中所含的水滴和油滴也可能作为烟度显示出来。当抽样检验的排烟温度超过 500℃时，必须采用其他热交换器来冷却排烟。

4. 滤纸式烟度计

滤纸式烟度计采用一个活塞式抽气泵，从柴油机排气管中抽取一定容积的排气，使它通过一张一定面积的白色滤纸，排气中的碳烟存留在滤纸上，使其染黑。用检测装置测定滤纸的染黑度，该染黑度即代表柴油车的排气烟度。

滤纸式烟度计（见图 8-16）是世界上应用较广泛的烟度计之一，有手动、半自动和全自动三种类型。滤纸式烟度计由排气取样装置、染黑度检测与指示装置和控制装置等组成，一般还配备有微型打印机。

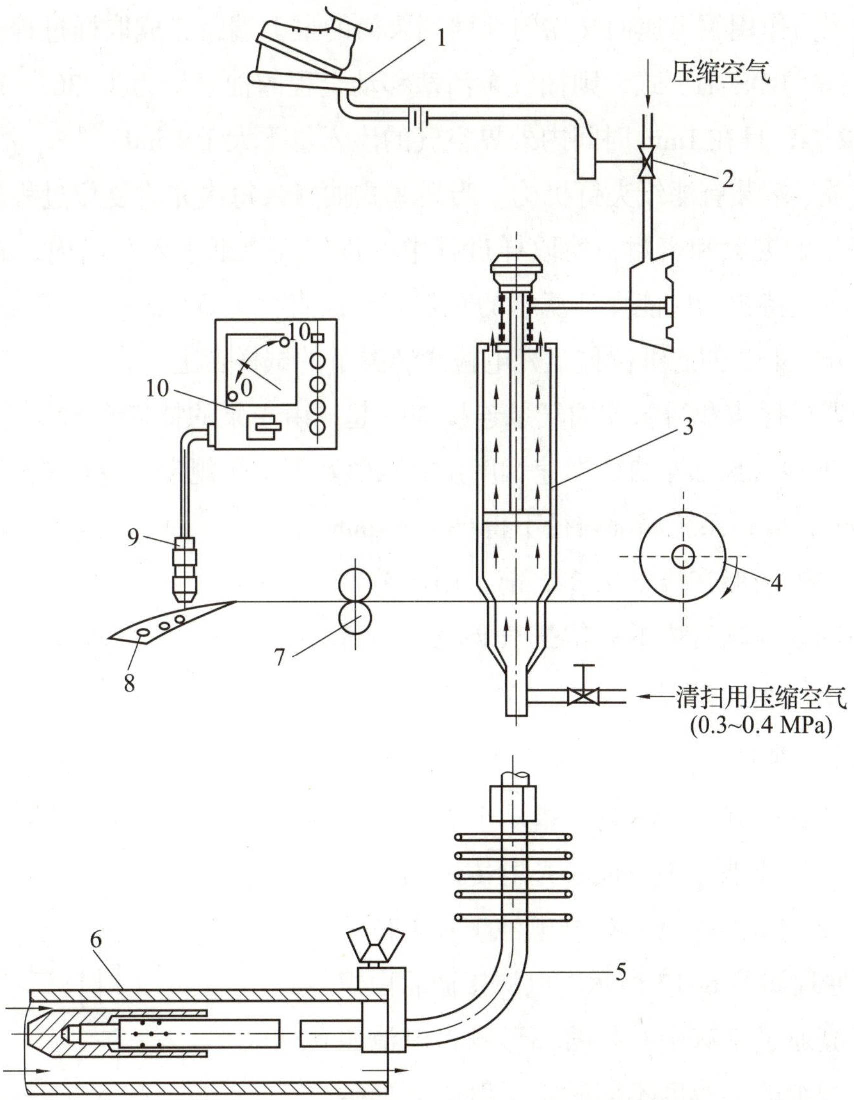

图 8-16　滤纸式烟度计的结构

1—脚踏开关；2—电磁阀；3—抽气泵；4—滤纸卷；5—取样探头；6—排气管；7—滤纸进给机构；8—染黑的滤纸；9—光电传感器；10—指示仪表

1）排气取样装置

取样装置由取样探头、活塞式抽气泵、取样软管和清洗机构等组成。取样探头分为台架试验用和整车试验用两种形式。整车试验用取样探头带有散热片，其上装有夹具以便固定在排气管上。取样探头在活塞式抽气泵的作用下抽取排气，其结构形状应能保证在取样时不受排气动压的影响。

活塞式抽气泵由泵筒、活塞、活塞杆、手柄、复位弹簧、锁止装置、电磁阀和滤纸夹持机构等组成。活塞式抽气泵在使用前，需先压下抽气泵手柄，直至克服复位弹簧的张力使活塞到达泵筒最下端，并由锁止机构锁止，完成复位过程，以准备下一次抽取排气。当需要取样时，或在自由加速工况开始的同时通过捏压橡皮球向抽气泵锁止机构充气（手动式），或通过套在加速踏板上的脚踏开关，在自由加速工况开始的同时操纵电磁阀向抽气泵锁止机构充入压缩空气（半自动式和全自动式），使抽气泵锁止机构取消对活塞的锁止作用，于是活塞在复位弹簧的张力作用下迅速而又均匀地回到泵筒的最上端，完成取样过程。此时，若滤纸式烟度计为波许（BOSCH）式，则抽气泵活塞移动全程的抽气量为（330 ±15）mL，抽气时间为（1.4±0.2）s，且在 1min 时间内外界空气的渗入量不大于 15mL。

活塞式抽气泵下端装有滤纸夹持机构。当活塞式抽气泵每次完成复位过程后，通过手动或自动实现对滤纸的夹紧和密封，使取样过程中的排气经滤纸进入泵筒内，碳烟存留在滤纸上并将其染黑，夹持机构应能保证滤纸的有效工作面直径为 ϕ32mm。一旦完成抽气过程，滤纸夹持机构松开，染黑的滤纸位移至光电检测装置下的试样台上。

取样软管把取样探头和活塞式抽气泵连接在一起，由于泵的抽气量与软管的容积有关，因此 DB 11-044-2014《柴油车自由加速烟度排放限值及不过》规定，取样软管长度为 5.0m，内径为 ϕ5±0.2mm，取样系统局部内径不得小于 ϕ4mm。

压缩空气清洗机构能在排气取样之前，用压缩空气吹洗取样探头和取样软管内的残留排气碳粒。清洗用压缩空气的压力为 0.3~0.4MPa。

2）检测与指示装置

检测与指示装置由光电传感器、指示电表或数字式显示器、滤纸和标准烟样等组成。光电传感器由光源（白炽灯泡）、光电元件（环形硒光电池）和电位器等组成，其工作原理如图 8-17 所示。电源接通后白炽灯泡发亮，其光亮通过带有中心孔的环形硒光电池照射到滤纸上。当滤纸的染黑度不同时，反射给环形硒光电池感光面的光线强度也不同，因而环形硒光电池产生的光电流强度也就不同。电路中一般配备有电阻

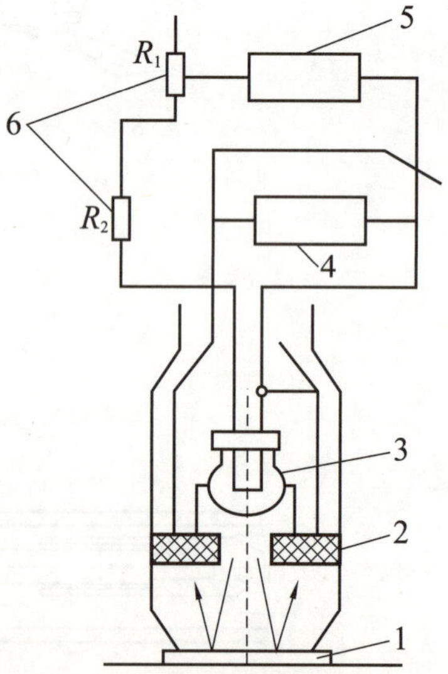

图 8-17 光电传感器的工作原理

1—滤纸；2—光电元件；3—光源；4—指示电表；5—电源；6—电阻

R_1 和 R_2，分别作为白炽灯泡电流的粗调电阻与细调电阻，以便获得适度的光强，使光源和硒光电池的灵敏度匹配。

指示电表是一个微安表，是滤纸染黑度即排气烟度的指示装置。当环形硒光电池送来的电流强度不同时，指示电表指针的位置也不相同。指示表头以 0~10Rb 单位表示。其中，0 是全白滤纸的 Rb 单位，10 是全黑滤纸的 Rb 单位，从 0~10 均匀分布（波许式）。国产 FQD-201 型半自动排气烟度计指示装置面板如图 8-18 所示。

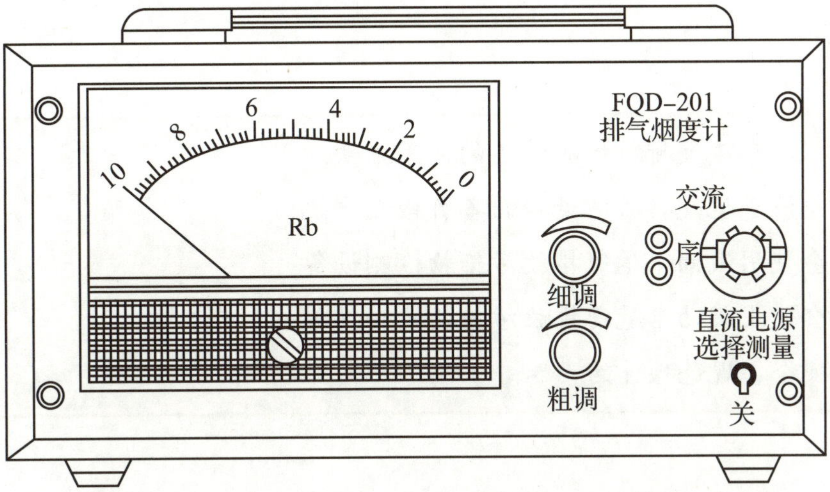

图 8-18　FQD-201 型半自动排气烟度计指示装置面板

由微机控制的排气烟度计，其指示装置一般采用数字式显示器。例如，国产 FQD-201 型半自动数字式排气烟度计采用了 MCS-48 系列单片机作为仪器机芯，显示器由两位 LED 数码管组成，并配备有微型打印机。

检测装置还应备有供标定或校准用的标准烟样和符合规定的滤纸。标准烟样也称为烟度卡，应在烟度计上标定，精确度为 0.5%。当标准烟样用于标定烟度计时，按量程均匀分布不得少于 6 张；当用于校准烟度计时，每台烟度计 3 张，标定值选在 5Rb 左右。当烟度计指示表需要校准时，只要把标准烟样放在光电传感器下，用调节旋钮把指示表的指针调整到标准烟样所代表的染黑度数值即可达到目的。这可使指示表保持指示精度，以得出准确的测量结果。

烟度卡必须定期标定，在有效期内使用。

滤纸有带状和圆片状两种。带状滤纸在进给机构的作用下能实现连续传送，适用于半自动式和全自动式烟度计；圆片状滤纸仅适用于手动式烟度计。

3）控制装置

半自动和全自动滤纸式烟度计的控制装置，包括用脚操纵的抽气泵脚踏开关和滤纸进给机构。控制用压缩空气的压力为 0.4~0.6MPa。

各检测设备生产厂家生产的滤纸式烟度计结构有所不同，但其检测原理基本一致。

任务一　汽车排气污染物的检测

学习目标

知识：1. 掌握汽车尾气排放检测设备的使用方法；
　　　2. 熟悉汽车尾气排放污染物的各种检测方法。
技能：1. 学会使用汽油车尾气排放污染物检测设备；
　　　2. 学会使用柴油车尾气排放污染物检测设备。
素养：具备安全、规范操作的素养。

任务分析

汽车尾气排放检测主要包括汽油车尾气排放检测和柴油车尾气排放检测。我们要学会汽油车和柴油车两种车型的尾气排放检测方法。

任务准备

准备项目	准备内容
防护用品准备	车辆保护套、车内五件套、工作服、护目镜等
场地准备	试验场地
工具、设备、材料准备	实训车、尾气检测的各种仪器、汽车维修通用工具

任务实施

一、汽油车尾气排放检测

操作步骤：

1. 准备工作

（1）仪器准备。按仪器使用说明书要求做好各项准备工作。接通电源，对不分光红外线气体分析仪（以下简称气体分析仪）预热 30min 以上。

（2）仪器校准。

①用标准气样校准。先让气体分析仪吸入清洁空气，用零点调整旋钮把仪表指针调整到零点；然后把仪器附带的标准气样从标准气样注入口灌入，再用标准调整旋钮把仪表指针调到标准指示值。在灌注标准气样时，要关掉气体分析仪上的泵开关。

②简易校准。接通简易校准开关，校准标准气样指示值。

（3）把取样探头和取样导管安装到气体分析仪上，检查取样探头和导管内是否有残留 HC。如果管内壁吸附残留 HC 较多，用压缩空气吹洗或用布条等物清洁取样探头和导管内壁。

2. 测试步骤

1）双怠速排放污染物测量程序

（1）必要时在发动机上安装转速计、点火正时仪、冷却水和润滑油测温计等测量仪器。

（2）发动机由怠速工况加速至 70% 额定转速，维持 60s 后降至高怠速状态。

（3）发动机降至高怠速状态后，将气体分析仪取样探头插入排气管中，深度为 400mm，并固定于排气管上。

（4）先把气体分析仪指示仪表的读数转换开关置于最高量程挡位，再一边观看指示仪表一边用读数转换开关选择适于排气含量的量程挡位。

（5）发动机在高怠速状态维持 15s 后，检测人员应开始读数，读取 30s 内的污染物最高值和最低值，取平均值作为高怠速排放测量结果。

（6）发动机从高怠速状态降至怠速状态，检测人员应在怠速状态维持 15s 后开始读数，读取 30s 内的污染物最高值和最低值，取其平均值作为怠速排放测量结果。

（7）若为多排气管，则取各排气管测量结果的算术平均值。

（8）测量工作结束后，把取样探头从排气管里抽出来，让它吸入新鲜空气 5min，待仪器指针回到零点后再关闭电源。

2）加速模拟工况法测量程序

（1）车辆驱动轮位于底盘测功机滚筒上，将分析仪取样探头插入排气管中，深度为 400mm，并固定于排气管上，如图 8-19 所示。独立工作的多排气管应同时取样。

图 8-19　取样探头的安装

（2）ASM5025 工况。车辆经预热后，加速至 25km/h 以上。此时底盘测功机自动根据试验工况要求加载，车辆保持（25±1.5）km/h 等速，同时开始计时、测量与计算。在 25~90s 的测量过程中，任意 10s 内的 10 次排放平均值经修正后如满足限值要求，则试验结束；否则应进行下一工况（ASM2540）试验。

（3）ASM2540 工况。车辆从 25km/h 直接加速至 40km/h 以上。此时底盘测功机根据试验工况要求加载，车辆保持（40±1.5）km/h 等速，同时开始计时、测量与计算。在 25~90s 的测量过程中，任意 10s 内的 10 次排放平均值经修正后如满足限值的要求，则试验结束；否则应进行复检试验。

（4）复检试验。按照上述 ASM5025 工况和 ASM2540 工况的试验程序及试验结果判定方法连续进行 ASM5025 工况和 ASM2540 工况试验，工况时间延长至 145s，总试验时间为 290s。

如果两个工况测试结果经修正后均满足要求，则测试结果合格；否则测试结果不合格。

说明：以上检测程序是以人工计数为例的，在全自动检测线上，由于测量过程的自动控制，引车员只需按检验程序指示器提示进行踩、松加速踏板及换挡等操作即可。

3）瞬态工况和简易瞬态工况法测量程序

根据需要在发动机上安装转速表和润滑油测温计等测试仪器，将车辆驱动轮停在底盘测功机的转鼓上，按照试验运转循环开始进行试验。

（1）起动发动机。

①按照制造厂使用说明书的规定，使用起动装置，起动发动机。

②发动机保持怠速运转 40s，在 40s 终了时开始循环，并同时开始取样。

（2）怠速。

①手动或半自动变速器。怠速期间，离合器接合，变速器置于空挡位置。为了按正常循环进行加速，车辆应在循环的每个怠速后期，即加速开始前 5s，使离合器脱开，变速器置于 1 挡。

②自动变速器。在试验开始时，选择好挡位后，在试验期间，任何时候不得再操作变速杆，但自动变速器如果在规定时间内不能完成加速工况，则应按手动变速器的要求操作变速杆。

（3）加速。

①进行加速时，在整个工况过程中应尽可能使加速度恒定。

②如果在规定时间内未能完成加速工况，如果可能，所需的额外时间应从工况改变的复合公差允许的时间中扣除；否则，应该从下一等速工况的时间内扣除。

③自动变速器如果在规定时间内不能完成加速工况，则应按手动变速器的要求，操作挡位选择器。

（4）减速。

①在所有减速工况时间内，应使加速踏板完全松开，离合器接合，当车速降至 10km/h

时，使离合器脱开，但不操作变速杆。

②如果减速时间比相应工况规定的时间长，则允许使用车辆的制动器，以使循环按照规定的时间进行。

③如果减速时间比相应工况规定的时间短，则应由下一个等速或怠速工况中的时间补偿，使循环按规定的时间进行。

（5）等速。

①从加速工况过渡到下一等速工况时，应避免猛踏加速踏板或关闭节气门。

②等速工况应采用保持加速踏板位置不变的方法实现。

（6）当车速降低到 0 时（车辆停止在转鼓上），变速器置于空挡，离合器接合。

排气污染物测量值应由系统主机自动进行计算和修正。

4）检测结果分析

（1）废气检测值与发动机故障的关系。不同工况下废气排放浓度值范围见表 8–1。废气检测值与发动机系统故障的关系见表 8–2。

表 8–1 不同工况下废气排放浓度值范围

转速	CO/%	HC/（$\times10^{-6}$）	CO_2/%	O_2 /%
怠速	0.5~3.0	0~250	13~15	1~2
1 500r/min，空负荷	0~2.0	0~200	—	1~2
2 500r/min，空负荷	0~1.5	0~150	13~15	1~2

表 8–2 废气检测值与系统故障的关系

CO	HC	CO_2	O_2	故障原因
变化	变化	低	正常	EGR 阀漏气
很低	很低	很低	很高	空气喷射系统
低	低	低	高	排气管漏气

（2）排气检测参数中的数据分析。如果燃烧室中没有足够的空气保证正常燃烧，在通常情况下，二氧化碳（CO_2）的读数和一氧化碳（CO）、氧（O_2）的读数相反。燃烧越完全，二氧化碳（CO_2）的读数就越高，最大值在 13.5%~14.8%，此时一氧化碳（CO）的读数应该非常接近 0。

O_2 的读数是较有用的诊断数据之一。O_2 的读数和其他三个读数一起，能帮助找出诊断问题的难点。通常，装有催化转化器的汽车，O_2 的读数应该是 1.0%~2.0%，说明发动机燃烧很好，只有少量未燃烧的 O_2 通过气缸。

O_2 的读数小于 1.0%，说明混合气太浓，不利于很好地燃烧。O_2 的读数超过 2.0%，说明混合气太稀。燃油滤清器堵塞、燃油压力低、喷油器阻塞、真空系统漏气、废气再循环（EGR）阀泄漏等，都可能导致过稀失火。

5）注意事项

（1）检测汽油车怠速污染物，一定要把发动机怠速转速和温度控制在规定范围内。

（2）取样探头、导管分为低含量用和高含量用两种，两者要分别使用。

（3）检测时导管不要发生弯折现象。

（4）多部车辆连续检测时，一定要把取样探头从排气管里抽出并等仪表指针回到零点后再进行下一辆车的测量。

（5）不要在有油或有有机溶剂的地方进行检测。

（6）要注意检测地点的室内通风换气，以防人员中毒。

（7）检测结束后，要立即把取样探头从排气管里抽出来。

（8）取样探头不用时要垂直吊挂，不要平放，以防管内的积水腐蚀取样探头。

（9）气体分析仪不要放置在湿度大、温度变化大、振动大或倾斜的地方。

（10）气体分析仪要定期维护，以确保使用精度。

（11）校准用的标准气样是有毒的，要注意保管。

（12）如果需人工记录和校正数据，则应在测试开始前记录环境温度、相对湿度和大气压力等。

二、柴油车尾气排放检测

1. 用滤纸式烟度计检测排气烟度

操作步骤：

1）准备工作

柴油车自由加速烟度的检测应在自由加速工况下，采用滤纸式烟度计按测量规程进行。以下以FQD-201型排气烟度计为例介绍柴油车自由加速烟度的检测方法。

（1）仪器校准。

①未接通电源时，先检查指示电表指针是否在机械零点上，否则用零点调整螺钉使指针与“0”的刻度重合。

②接通电源，仪器进行预热，然后打开测量开关，在光电传感器下垫上10张洁白滤纸，调节粗调电位器和细调电位器，使表头指针与“0”的刻度重合。

③在10张洁白滤纸上放上标准烟样，光电传感器对准标准烟样中心垂直放置在其上。此时，表头指针应指在标准烟样所代表的染黑度数值上，否则应调节仪器后面板上的小型电

位器。

（2）检查取样装置和控制装置中各部机件的工作情况，特别要检查脚踏开关与活塞抽气泵的动作是否同步。

（3）检查控制用压缩空气和清洗用压缩空气的压力是否符合要求。

（4）检查滤纸，应洁白无污。

2）测试步骤

（1）用压力为 0.3~0.4MPa 的压缩空气清洗取样管路。

（2）把活塞式抽气泵置于待抽气位置，将洁白的滤纸置于待取样位置，并夹紧。

（3）将取样探头固定于排气管内，插入深度为 300mm，并使其轴线与排气管轴线平行。

（4）将脚踏开关引入汽车驾驶室内，但暂不固定在加速踏板上。

（5）按图 8–20 所示测量规程进行自由加速烟度检测。先由怠速工况将加速踏板踩到底，维持 4s 即松开，然后怠速运转 16s，共计 20s。在怠速运转 16s 的时间内，要用压缩空气清洗机构对取样软管和取样探头吹洗数秒钟。上述操作重复三次，以熟悉加速方法并把排气管内的炭渣等积存物吹掉。然后，把脚踏开关固定在加速踏板上，如图 8–21 所示。

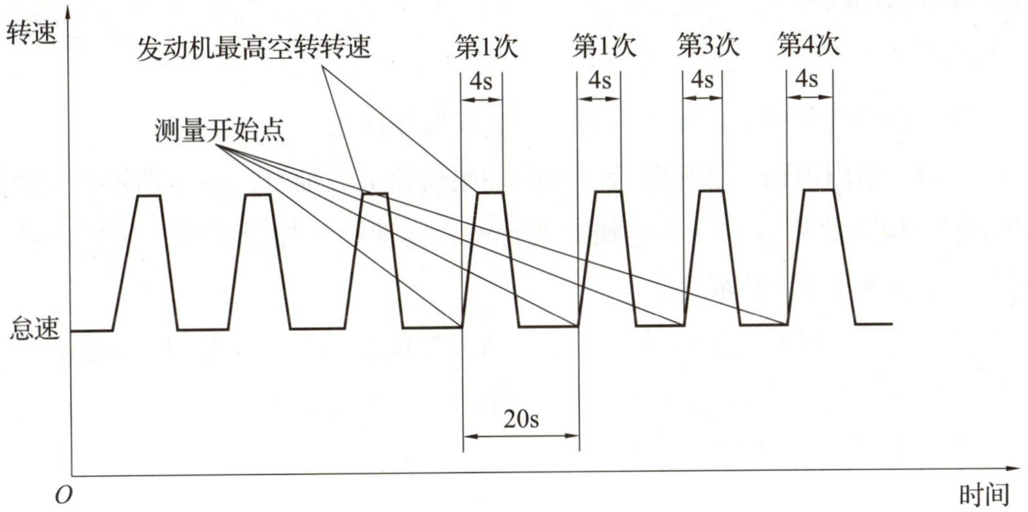

图 8–20　自由加速烟度测量规程

（6）进行实测，将加速踏板与脚踏开关一并迅速踩到底，至 4s 时立刻松开，维持怠速运转 16s，共计 20s。在 20s 时间内应完成排气取样、滤纸染黑、走纸、抽气泵复位、检测并指示烟度、清洗等工作。

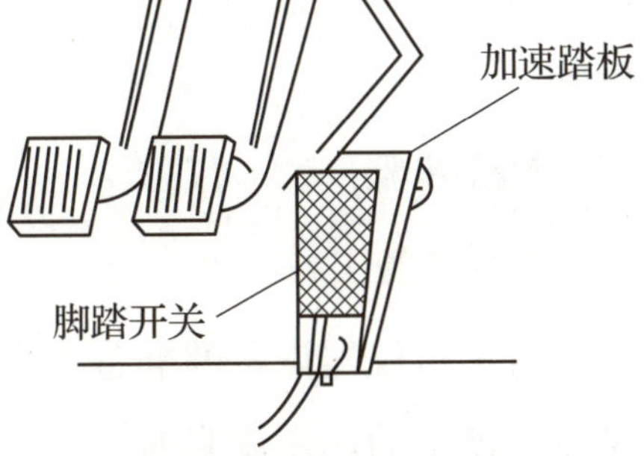

图 8–21　安装脚踏开关

从第 1 次开始加速至第 2 次开始加速为一个循环，每个循环共计 20s 时间。实测中需操作 4 个循环，取后 3 个循环烟度读数的算术平均值作为所测烟度值。当汽车发动机出现黑烟冒出排气管的时间与抽气泵开始抽气的时间不同步现象时，应取最大烟度值作为所测烟度值。

（7）在被染黑的滤纸上记下试验序号、试验工况和试验日期等，以便保存。

（8）检测结束，及时关闭电源和气源。

3）注意事项

（1）取样软管的内径和长度有规定，不能随意用其他型号的软管代替。

（2）指示装置不用时，应把测量开关置于关的位置，以免在移动或运输时损坏指示表。

（3）指示装置应避开有振动和相对湿度大的地方。

（4）滤纸和校准用标准烟样，不要放置在阳光下暴晒或灰尘多的地方。

（5）标准烟样必须定期检定，在有效期内使用。

2. 用不透光式烟度计测试排气可见污染物含量

操作步骤：

1）准备工作

按照仪器说明书的规定进行仪器的预热、检查和校准；对被检车辆的准备工作同“滤纸式烟度计检测排气烟度”。

2）测试步骤

（1）车辆在发动机怠速下，插入不透光烟度仪取样探头。

（2）迅速但不猛烈地踏下加速踏板，使喷油泵供给最大油量，在发动机达到调速器允许的最大转速前，保持此位置。一旦达到最大转速，立即松开加速踏板，使发动机恢复至怠速，不透光烟度仪恢复到相应状态。

（3）重复上述操作过程至少 6 次，记录不透光烟度仪的最大读数值。如果读数值连续 4 次均在 0.25m 的带宽内，并且没有连续下降趋势，则记录值有效。

（4）计算 4 次测量结果的算术平均值。

3. 在用汽车加载减速试验

对装配压燃式发动机的在用汽车排气烟度的检验，可以使用加载减速工况法。所使用的检测设备主要包括底盘测功机、不透光烟度计、发动机转速传感器等，由中央控制系统集中控制。

操作步骤：

1）准备工作

（1）对仪器设备的准备工作请参阅本书前述的“汽车底盘测功”等相关内容或参阅相关仪器、设备的使用说明书。

（2）连接好发动机转速传感器。

（3）选择合适的挡位，使加速踏板在最大位置时受检车辆的最高车速接近 70km/h。

（4）由控制系统判定测功机是否能够吸收受检车辆的最大功率，如果车辆最大功率超过了测功机的功率吸收范围，不能进行检测。

2）测试步骤

（1）正式检测开始前，检测员应按以下步骤操作，以便能够获得自动检测所需的初始数据。

①起动发动机，变速器置于空挡，逐渐增大加速踏板直到达到最大，并保持在最大开度状态，记录此时发动机的最大转速，然后松开加速踏板，使发动机回到怠速状态。

②使用前进挡驱动被检车辆，选择合适的挡位，使加速踏板处于全开位置时，测功机指示的车速接近 70km/h，但不能超过 100km/h。对于装有自动变速器的车辆，应注意不要在超速挡下进行测量。

（2）计算机对按上述步骤获得的数据自动进行分析，判断是否可以继续进行检测，所有被判定不适合检测的车辆，都不允许进行加载减速烟度试验。

（3）在确认机动车可以进行排放检测后，将底盘测功机切换到自动检测状态。

①加载减速测试的过程必须完全自动化，在整个检测循环中，由计算机控制系统自动完成对底盘测功机加载减速过程的管理。

②自动控制系统采集三组检测状态下的检测数据，以判定受检车辆的排气光吸收系数 K 是否达标。三组数据分别为最大功率下的转鼓线速度点、90% 最大功率下的转鼓线速度点和 80% 最大功率下的转鼓线速度点。

③上述三组检测数据包括轮边功率、发动机转速和排气光吸收系数 K，必须将不同工况点的检测结果都与排放限值进行比较。若修正后的最大轮边功率低于所要求的最小功率，或者测得的排气光吸收系数 K 超过了标准规定的限值，均应判定该车的排放不合格。

（4）检测开始后，检测员始终将加速踏板踩到底，直到检测系统通知松开加速踏板为止。在试验过程中，检测员应实时监控发动机冷却液温度和机油压力。一旦冷却液温度超出了规定的温度范围，或者机油压力偏低时，都必须立即停止检测。当冷却液温度过高时，检测员应松开加速踏板，将变速器置于空挡，使车辆停止运转。然后，使发动机在怠速工况下运转，直到冷却液温度重新恢复到正常范围为止。

（5）在检测过程中，检测员应时刻注意受检车辆或检测系统的工作情况。

（6）检测结束后，打印检测报告并存档。

（7）将受检车辆驶离底盘测功机前，检测员应检查是否已经完成相关的检测工作，并完成对相关检测数据的记录和保护。

（8）按下列步骤将受检车辆驶离底盘测功机：

①从受检车辆上拆下所有测试和保护装置。

②举起底盘测功机举升板，锁住转鼓。

③去掉车轮挡块，确认受检车辆及其行驶路线周围没有障碍物或人员。

④慢慢将受检车辆驶离底盘测功机，并停放到指定地点。

3）注意事项

（1）每条检测线至少应配备三名检测员，一名检测员操作控制计算机，一名检测员负责驾驶受检车辆，一名检测员进行辅助检查，并随时注意受检车辆在检测过程中是否出现异常情况。

（2）除检测员外，在检测过程中，其他人员不得在检测现场逗留。

（3）对于非全时四轮驱动车辆，应选择后轮驱动方式。

（4）对于紧密型多轴驱动的车辆，或全时四轮驱动车辆，不能进行加载减速检测，应进行自由加速排气烟度排放检测。

（5）如果发现受检车辆的车况太差，不适宜进行加载减速检测，必须先修理后才能进行检测。

（6）检测过程中由于发动机发生故障，使检测工作终止时，必须待故障排除后重新进行排放检测。

（7）在加载减速检测过程中，不论什么原因，如果操作驾驶员想通过松开加速踏板来暂时停止检测工作，检测工作都将被提前中断。在这种情况下，自动试验程序认为检测工作已经中止。

（8）不透光烟度计至少每年检定一次，每次维修后必须进行检定，经检定合格后方可重新投入使用。

4）检测结果分析

在压燃式发动机的烟气排放中，微粒和碳烟的生成机理还未完全研究清楚。目前，一般认为燃烧时的一段高温范围和局部存在特别浓的混合气，是产生微粒和碳烟的必要条件。

装配压燃式发动机的在用汽车的排气烟度检测结果超标，主要原因是柴油机供油系统调整不当。此外，柴油机气缸活塞组和曲柄连杆机构的技术状况及柴油的质量等对排放烟度也有影响。柴油机供油系统调整不当和相关系统技术状况的变化，主要表现在柴油机出现冒黑烟、蓝烟及白烟故障。其黑烟对排放烟气检测结果的影响最大。柴油机工作时黑烟浓重，其故障多由喷油量过大、雾化不良、各缸喷油量不均匀、喷油时刻过早、调速器失调和空气滤清器堵塞等因素引起。

此外，柴油机冒黑烟还与柴油质量有关，为使着火性能良好，一般柴油机选用十六烷值为 40~45 的柴油为宜。若十六烷值超过 65，则柴油蒸发性变差，致使燃烧不彻底，工作时也会发生冒黑烟现象。

任务评价

教师评价反馈	成绩：

请实训指导教师检查本组任务完成情况，并针对实训过程中出现的问题提出改进措施及建议。

序号	评价标准	评价结果
1	规范完成维修作业前检查及车辆防护	
2	汽油车尾气排放检测	
3	准确检查汽油车尾气排放检测结果	
4	柴油车尾气排放检测	
5	准确检查柴油车尾气排放检测结果	
6	准确记录汽油车、柴油车尾气排放检测结果	
7	正确判定检测结果是否符合要求	
综合评价	☆ ☆ ☆ ☆ ☆	
综合评语（作业问题及改进建议）		

自我评价反馈	成绩：

请根据自己在课堂中的实际表现进行自我反思和自我评价。

自我反思：____

____。

自我评价：____

____。

任务拓展

一、案例

环保部门在组织开展机动车排污监督检查过程中发现山东某汽车制造有限公司生产的某型号轻型柴油车尾气排放不符合国Ⅳ标准限值要求，氮氧化物检测结果是标准限值的 5.4~5.9 倍，碳氢 + 氮氧化物检测结果是标准限值的 4.0~5.5 倍。经审计，该公司于 2016 年 1—5 月生产涉案型号柴油货车 100 余辆。

2013 年以来，该公司销售新能源物流车 2 300 余台，对节能减排作出一定贡献。北京市朝阳区自然之友环境研究所认为该公司超标排放行为给生态环境带来持续性伤害，整改措施不到位，提起诉讼，请求判令其承担相应大气污染治理费用，并在国家级媒体及销售市场地媒体上公开赔礼道歉。

二、感悟

本案是汽车制造企业生产车辆尾气排放不达标引发的民事公益诉讼案件。在产业转型升级过程中，部分老牌车企面临产品升级迭代缓慢、绿色工业产品供给不足等问题。人民法院借助专业机构力量，跳出以金钱作为测算修复大气污染状况的传统思路，以污染物排放量为计量单位，以抵消污染物排放为方向，以新能源电动车替代燃油车减少汽车尾气排放，达到改善大气质量目的，对于深入践行新发展理念，促进碳达峰、碳中和具有积极意义。

本案的依法调解促使双方达成协议，保留了企业发展活力，引导鼓励企业自觉加大技术升级力度，降低环境风险，实现新旧产能更新换代，践行了经济发展和环境保护协同推进的发展路径。

达标测试

一、填空题

1. CO 是一种________的气体，被吸入人体时，很容易和________结合，并输送到体内，从而阻碍________的运输，造成人体一氧化碳中毒，严重时可能引起________，甚至死亡。

2. MEXA-324F 型汽车尾气分析仪，主要由__________、__________、__________和__________组成。

二、选择题

1. 下列不是汽油车排放污染物的主要成分的是（　　）。

A. 氮氧化物　　B. 氮氢化物　　C. 碳烟　　D. 一氧化碳

2. 双排气管的汽油车测量怠速污染物排放值应取（　　）。

A. 两根排气管中污染排放值大的

B. 两根排气管污染物排放的平均值

C. 两根排气管污染物排放值之差

D. 两根排气管污染物排放值之和

三、问答题

1. 汽车尾气排放中的主要有害成分是什么？有何危害？

2. 为什么要检测汽车尾气排放污染物的含量？

知识单元二　汽车噪声及检测

学习目标

知识：1. 掌握汽车噪声的来源；

2. 熟悉汽车噪声的检测设备。

素养：具备节约资源、爱护环境的意识。

知识储备

一、汽车噪声的来源

汽车噪声的来源有多种，如发动机、变速器、驱动桥、传动轴、车厢、玻璃窗、轮胎、继电器、喇叭、音响等都会产生噪声。这些噪声有些是被动产生的，只要车辆行驶就会产生噪声；有些是主动产生的（如人为按动喇叭）。具体可以分为以下几种。

1. 发动机噪声

1）燃烧噪声

燃烧噪声是由于气缸内周期性变化的气体压力的作用而产生的。燃烧噪声主要表现为气体燃烧时急剧上升的气缸压力通过活塞、连杆、曲柄缸体及缸盖等引起发动机结构表面振动而辐射出来的噪声。压力升高率是影响燃烧噪声的根本因素。因而，燃烧噪声主要集中于速燃期，其次是缓燃期。柴油机由于压缩比高，压力升高率过大，其燃烧噪声比汽油机高得多。

2）机械噪声

机械噪声是指由于气体压力及机件的惯性作用，相对运转零件之间产生撞击和振动而形成的噪声。机械噪声主要包括活塞连杆组噪声（活塞、连杆、曲柄等运动件撞击气缸体产生的噪声）、配气机构噪声、齿轮机构噪声、柴油机供油系统噪声等。

活塞连杆组噪声是发动机最主要的机械噪声源。其噪声大小与活塞和缸壁间隙、发动机转速、负荷、活塞与缸壁润滑条件、活塞的结构及材料、活塞环数及张力、缸套厚度等有关。

配气机构噪声是由于气门开启和关闭时产生的撞击以及系统振动而形成的噪声。气门运动速度、气门间隙、配气机构形式、零部件刚度及质量等是影响配气机构噪声的主要因素。

齿轮机构噪声是由齿轮啮合时所产生的噪声和齿轮固有振动噪声组成的。影响齿轮机构噪声的因素主要有齿轮的运转状况、齿轮的设计参数、齿轮的加工精度等。

柴油机供油系统噪声主要是由喷油泵、喷油器和高压油管系统振动引起的。其中，喷油泵形成的噪声是主要的机械噪声。为降低喷油泵噪声，可提高泵体刚度，如采用特种金属或塑料材料，可加装隔声罩等。

3）进、排气噪声

进、排气噪声是发动机在进、排气过程中的气体压力波动和高速气体流动所产生的噪声。进、排气噪声的强弱受发动机转速和负荷影响较大。随着发动机转速的提高，进气噪声增大，负荷对进气噪声影响较小；随着发动机转速的增加，空负荷比满负荷的比率更大些。降低进气噪声的最有效措施是设计合适的空气滤清器或采用进气消声器。

4）风扇噪声

风扇噪声是由旋转噪声和涡流噪声所组成的。旋转噪声是由于旋转时叶片切割空气，引起振动所产生的。涡流噪声是由于风扇旋转时叶片周围产生的空气涡流所造成的。影响风扇噪声的主要因素是风扇转速以及一些机械噪声。

2. 传动机构噪声

变速器噪声主要是由齿轮振动引起的。此外，还包括轴承运转声、润滑油搅拌声、发动机振动传至变速器箱体而辐射的噪声等。提高齿轮加工精度，选择合适的齿轮材料，设计固有振动频率高、密封性好、隔声性的齿轮箱等均可减少变速器噪声。

传动轴噪声主要表现为汽车行驶中传动轴发出的周期性响声，且车速越高，响声越大，甚至使车身发生抖动、驾驶员握转向盘的手有麻木感，这是由传动轴变形、轴承松旷及装配不良等原因造成的。提高装配精度，检查平衡片有无脱落，避免超速行驶，可减少传动轴噪声。

驱动桥噪声是在汽车行驶时车后部发出的较大响声，且车速越高，响声越大。其主要是由齿隙不合适、装配不当、轴承调整不当等原因造成的。

3. 制动噪声

制动噪声是汽车制动过程中由制动器摩擦诱发引起制动器等部件振动发出的声响，通常称为制动尖叫声。特别是制动器由热状态转为冷状态时更容易产生这种噪声。该高频噪声不仅影响汽车的舒适性，还会给驾驶员带来不必要的担心。

鼓式制动器比盘式制动器产生的噪声大。制动噪声通常发生在制动器摩擦片端部和根部与制动鼓接触的情况下。其噪声大小取决于制动器摩擦片长度方向上的压力分布规律，还受制动系统及零部件刚度的影响。

4. 轮胎噪声

轮胎噪声包括轮胎花纹噪声、道路噪声、弹性振动噪声以及轮胎旋转时搅动空气引起的风噪声。

花纹噪声和道路噪声都是轮胎和路面相互作用而产生的噪声。汽车行驶时，轮胎接地部分胎面花纹沟槽内的空气以及路面的微小凹凸与地面间的空气，在轮胎离开地面时，受到一种类似于泵的挤压作用引起周围空气压力变化从而产生噪声。弹性振动噪声是由于轮胎不平衡、胎面花纹刚度变化或路面凹凸不平等原因激发胎体振动而产生的噪声。

影响轮胎噪声的主要因素有轮胎花纹、车速及负荷、轮胎气压、装配情况、轮胎磨损程度、路面状况等。

二、汽车噪声的检测设备

声级计是一种能够把工业噪声、生活噪声和汽车噪声等，按人耳听觉特性近似地测定其噪声级的仪器。噪声级是指用声级计测得的并经过听感修正的声压级（dB）或响度（phon）。

根据声级计在标准条件下测量 1 000Hz 纯音所表现出来的精度，20 世纪 60 年代国际上将声级计分为精密声级计和普通声级计。我国也采用这种分类方法。另外，根据声级计所用电源的不同，还可将声级计分为交流式声级计和用于电池的电池式声级计。

声级计一般由传声器、电子线路（包括放大器、衰减器、计权网络、检波器等）、指示仪表及电源等组成，其工作原理如图 8-22 所示。

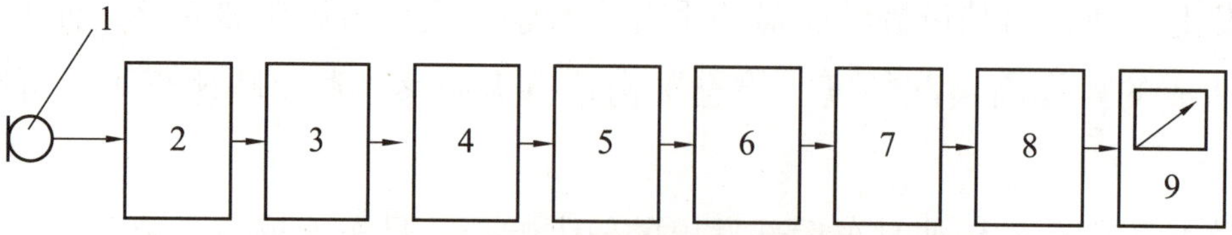

图 8-22　声级计的原理框图

1—传声器；2—前置放大器；3—输入衰减器；4—输入放大器；5—计权网络；6—输出衰减器；7—输出放大器；8—检波器；9—指示仪表

1. 传声器

传声器也称为话筒、麦克风，是将声压信号（机械能）转变为电信号（电能）的传感器，是声级计中关键元器件之一。

传声器的种类很多，按照它们的构造不同，可以分为动圈式、电容式、压电式、半导体式等多种传声器。常用的传声器是动圈式和电容式两种传声器。图 8-23 所示为电容式传声器结构示意图。

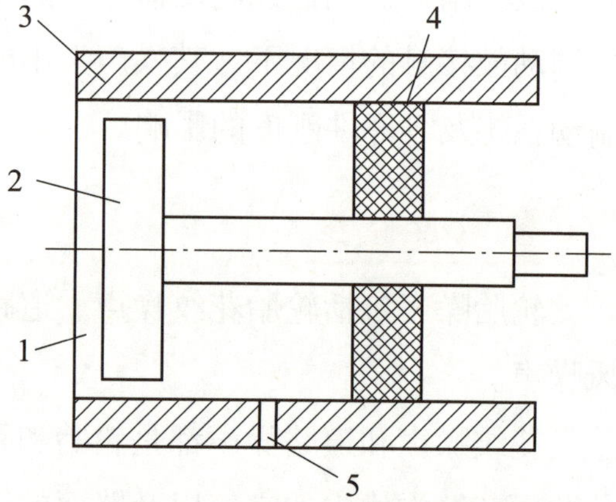

图 8-23　电容式传声器结构示意图

1—金属膜片；2—金属电极；3—壳体；4—绝缘体；5—平衡孔

动圈式传声器由振动膜片、可动线圈、永久磁铁和变压器等组成。振动膜片受到声波压力后开始振动，并带动和它装在一起的可动线圈在磁场内振动，以产生感应电流。该电流根据振动膜片受到声波压力的大小而变化，声压越大，产生的电流就越大；声压越小，产生的电流也越小。

电容式传声器主要由金属膜片和靠得近的金属电极组成，实质上是一个平板电容，金属膜片与金属电极构成了平板电容的两个板极。当膜片受到声压作用时，膜片发生变形，使两个极板之间的距离发生了变化，电容量也发生变化，从而产生交变电压，其波形在传声器线性范围内与声压级波形成比例，实现了将声压信号转变为电压信号的目的。

电容式传声器是声学测量中比较理想的传声器，具有动态范围大、频率响应平直、灵敏度高和在一般测量环境下稳定性好等优点，因而应用广泛。由于电容式传声器输出阻抗很高，因而需要通过前置放大器进行阻抗变换，前置放大器装在声级计内部靠近安装电容式传声器的部位。

2. 放大器和衰减器

由于传声器将声压转变为电压的能量很小，因此在声级计中安装有低噪声放大器。在放大电路中一般采用两级放大器，即输入放大器和输出放大器，其作用是将微弱的电信号放大。输入衰减器和输出衰减器是用来改变输入信号的衰减量和输出信号的衰减量的，以便使表头指针指在适当的位置，其每一挡的衰减量为 10dB。输入放大器使用的衰减器调节范围为测量低端（如 0~70dB），输出放大器使用的衰减器调节范围为测量高端（如 70~120dB）。输入衰减器和输出衰减器的刻度常做成不同的颜色，目前以黑色与透明配对为多。由于许多声级计的高低端以 70dB 为界限，故在旋转时要防止超过界限，以免损坏装置。

3. 计权网络

为了模拟人耳听觉在不同频率的不同灵敏性，在声级计内设有一种能够模拟人耳的听觉特性，把电信号修正为与听觉近似的网络，这种网络称为计权网络。通过计权网络测得的声压级，已不再是客观物理量的声压级，而是经过听感修正的声压级，称为计权声级或噪声计。

计权网络一般有 A、B、C 三种。A 计权声级用于模拟人耳对 55dB 以下低强度噪声的频率特性，B 计权声级用于模拟 55~85dB 的中等强度噪声的频率特性，C 计权声级用于模拟高强度噪声的频率特性。A 计权网络测得的噪声值比较符合人耳对噪声的感觉。在汽车和发动机噪声测试时，大多采用 A 计权网络。

从声级计上得出的噪声级读数，必须注明测量的条件，如果单位为 dB，且使用的是 A 计权网络，则应记为 dB（A）。

4. 检波器

为了使经过放大的信号通过仪表显示出来，声级计还需要有检波器，以便把迅速变化的电压信号转变成变化比较慢的直流电压信号。这个直流电压的大小正比于输入信号的大小。根据测量的需要，检波器有峰值检波器、平均值检波器和均方根值检波器之分。峰值检波器能给出一定时间间隔中的最大值，平均值检波器能在一定时间间隔中测量其绝对平均值。在多数噪声测量中采用均方根值检波器，均方根值检波器能对交流信号进行平方、平均和开方，得出电压的均方根值，最后将均方根电压信号输送到指示仪表。

5. 指示仪表

指示仪表是一只电表，对其刻度进行一定的标定，可从表头上直接读出噪声级的 dB 值，声级计表头阻尼一般有“快”和“慢”两个挡。“快”挡的平均时间为 0.27s，很接近于人耳听觉器官的生理平均时间。“慢”挡的平均时间为 1.05s。当对稳态噪声进行测量或需要记录声级变化过程时，使用“快”挡比较合适；在被测噪声的波动比较大时，使用“慢”挡比较合适。

声级计面板上一般还备有一些插孔。这些插孔如果与便携式倍频带滤波器相连，可组成小型现场使用的简易频谱分析系统；如果与录音机组合，则可把现场噪声录制在磁带上存储下来，待以后再进行更详细的研究；如果与示波器组合，则可观察到声压变化的波形，并可存储波形或用照相机把波形拍摄下来；还可以把分析仪、记录仪等仪器与声级计组合、配套使用，这要根据测试条件和测试要求而定。

任务二　汽车噪声的测量方法

学习目标

知识：1. 掌握汽车噪声检测设备的使用方法；
2. 熟悉汽车噪声的测量方法。
技能：1. 学会使用汽车噪声检测设备；
2. 学会汽车噪声的测量方法。
素养：具备安全、规范操作的素养。

任务分析

汽车噪声对人们的生产生活有着较大的影响，我们要学会对汽车噪声进行检测。汽车噪声的检测设备和测量方法有很多种，要学会运用多种检测设备和方法进行汽车噪声的检测。

任务准备

准备项目	准备内容
防护用品准备	车辆保护套、车内五件套、工作服、护目镜等
场地准备	台架试验场地
工具、设备、材料准备	实训车、噪声检测设备、汽车维修通用工具

任务实施

国家标准规定汽车噪声使用的测量仪器有精密声级计或普通声级计和发动机转速表，声级计误差不超过 ±2dB，并要求在测量前后按规定进行校准。

操作步骤：

1. 声级计的检查与校准

（1）在未接通电源时，先检查并调整仪表指针的机械零点，可用零点调整螺钉使指针与零点重合。

（2）检查电池容量。把声级计功能开关对准“电池”，此时电表指针应达到额定红线，否则读数不准，应更换电池。

（3）打开电源开关，预热仪器 10min。

（4）校准仪器。每次测量前或使用一段时间后，应对仪器的电路和传声器进行校准。根据声级计上配有的电路校准“参考”位置，校验放大器的工作是否正常。如不正常，应用微调电位计进行调节。电路校准后，再用已知灵敏度的标准传声器对声级计上的传声器进行对比校准。

常用的标准传声器有声级校准器和活塞式发声器，它们的内部都有一个可发出恒定频率、恒定声级的机械装置，因而很容易对比出被检传声器的灵敏度。声级校准器产生的声压级为 94dB，频率为 1 000Hz；活塞式发声器产生的声压级为 124dB，频率为 250Hz。

（5）将声级计的功能开关对准“线性”“快”挡。由于室内的环境噪声一般为 40~60dB，声级计上应有相应的示值。当变换衰减器刻度盘的挡位时，表头示值应相应变化 10dB 左右。

（6）检查计权网络。按上述步骤，将“线性”位置依次转换为“C”“B”“A”。由于室内环境噪声多为低频成分，故经三挡计权网络后的噪声级示值将低于线性值，而且应依次递减。

（7）检查“快”“慢”挡。将衰减器刻度盘调到高分贝值处（如 90dB），通过操作人员发声，观察“快”挡时的指针能否跟上发声速度，“慢”挡时的指针摆动是否明显迟缓。

（8）在投入使用时，若不知道被测噪声级多大，必须把衰减器刻度盘预先放在最大衰减位置（即 120dB），然后在实测中逐步旋至被测声级所需要的衰减挡。

2. 车外噪声的测量方法

1）测量条件

（1）测量场地应平坦而空旷，在测试中心以 25m 为半径的范围内，不应有大的反射物，如建筑物、围墙等。

（2）测试场地跑道应有 20m 以上平直、干燥的沥青路面或混凝土路面。路面坡度不超过 0.5%。

（3）本底噪声（包括风噪声）应比所测车辆噪声至少低 10dB，并保证测量不被偶然的其他声源所干扰。本底噪声是指测量对象噪声不存在时周围环境的噪声。

（4）为避免风噪声干扰，可采用防风罩，但应注意防风罩对声级计灵敏度的影响。

（5）声级计附近除测量者外，不应有其他人员，如不可缺少，则必须在测量者背后。

（6）被测车辆不载重，测量时发动机应处于正常使用温度，车辆带有其他辅助设备（亦是噪声源）的，测量时是否开动，应按正常使用情况而定。

2）测量场地及测点位置

图 8-24 所示为汽车噪声的测量场地及测量位置，测试传声器位于 20m 跑道中心点 O 两侧，各距中线 7.5m，距地面高度 1.2m，用三脚架固定，传声器平行于路面，其轴线垂直于车辆行驶方向。

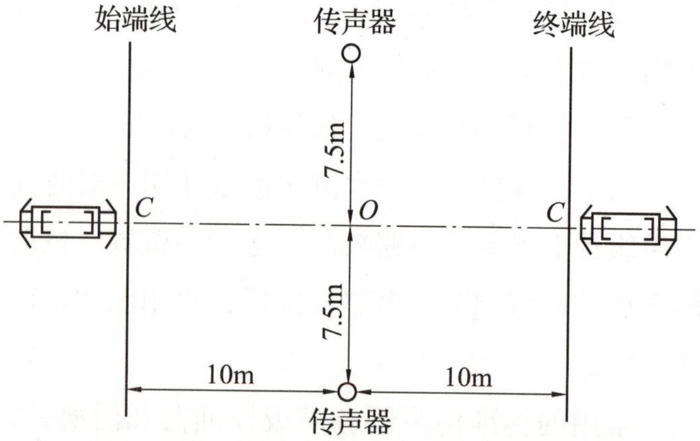

图 8-24　汽车噪声的测量场地及测量位置

3）加速行驶车外噪声的测量方法

（1）车辆需按规定条件稳定地到达始端线，前进挡位为 4 挡以上的车辆用第 3 挡，前进挡位为 4 挡或 4 挡以下的用第 2 挡，发动机转速为其标定转速的 3/4。如果此时车速超过 50km/h，那么车辆应以 50km/h 的车速稳定地到达始端线。对于自动变速器的车辆，使用在试验区间加速最快的挡位。辅助变速装置不应使用。在无转速表时，可以控制车速进入测量区，即以所定挡位相当于 3/4 标定转速的车速稳定地到达始端线。

（2）从车辆前端到达始端线开始，立即将加速踏板踏到底或节气门全开，直线加速行驶，当车辆后端到达终端线时，立即停止加速。车辆后端不包括拖车以及和拖车连接的部分。

本测量要求被测车在后半区域发动机达到标定转速，如果车速达不到这个要求，可延长 OC 距离为 15m，如仍达不到这个要求，车辆使用挡位要降低一挡。如果车辆在后半区域超过标定转速，可适当降低到达始端线的转速。

（3）声级计用 A 计权网络、“快”挡进行测量，读取车辆驶过时的声级计表头最大读数。

（4）同样的测量往返进行一次。车辆同侧两次测量结果之差应不大于 2dB，并把测量结果记入规定的表格。取每侧两次声级平均值中的最大值作为检测车的最大噪声级。若只用一个声级计测量，同样的测量应进行 4 次，即每侧测量两次。

4）匀速行驶车外噪声的测量方法

（1）车辆用常用挡位，加速踏板保持稳定，以 50km/h 的车速匀速通过测量区域。

（2）声级计用 A 计权网络、“快”挡进行测量，读取车辆驶过时声级计表头的最大读数。

（3）同样的测量往返进行一次，车辆同侧两次测量结果之差不应大于 2dB，并把测量结果记入规定的表格。若只用一个声级计测量，同样的测量应进行 4 次，即每侧测量两次。

3. 车内噪声的测量方法

1）测量条件

（1）测量跑道应有足够试验需要的长度，应是平直、干燥的沥青路面或混凝土路面。

（2）测量时风速（指相对于地面）应不大于 3m/s。

（3）测量时车辆门窗应关闭。车内带有其他辅助设备亦是噪声源的，测量时是否开动，应按正常使用情况而定。

（4）车辆周围噪声比所测车内噪声至少低 10dB，并保证测量不被偶然的其他声源所干扰。

（5）车内除驾驶员和测量人员外，不应有其他人员。

2）测点位置

（1）车内噪声测量通常在人耳附近布置测点，传声器朝车辆前进方向。

（2）驾驶室内噪声测点的位置，如图 8–25 所示。

（3）载客车室内噪声测点可选在车厢中部及最后一排座的中间位置，传声器高度参考图 8–25。

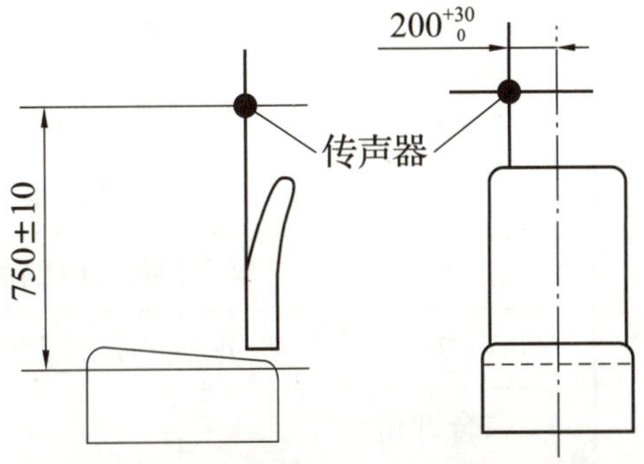

图 8–25　驾驶室内噪声测点的位置

3）测量方法

（1）车辆以常用挡位、50km/h 以上的不同车速匀速行驶，分别进行测量。

（2）用声级计“慢”挡测量 A、C 计权声级，分别读取表头指针最大读数的平均值，测量结果记入规定的表格。

（3）进行车内噪声频谱分析时，应包括中心频率为 31.5Hz、63Hz、125Hz、250Hz、500Hz、1 000Hz、2 000Hz、4 000Hz、8 000Hz 的倍频带。

4. 驾驶员耳旁噪声的测量方法

（1）车辆应处于静止状态且变速器置于空挡，发动机应处于额定转速状态。

（2）测点位置如图 8–25 所示。

（3）声级计应置于 A 计权、“快”挡。

5. 汽车喇叭声的测量方法

汽车喇叭声的测点位置如图 8–26 所示，测量时应注意不被偶然的其他声源峰值所干扰。测量次数宜在两次以上，并注意监听喇叭声是否悦耳。

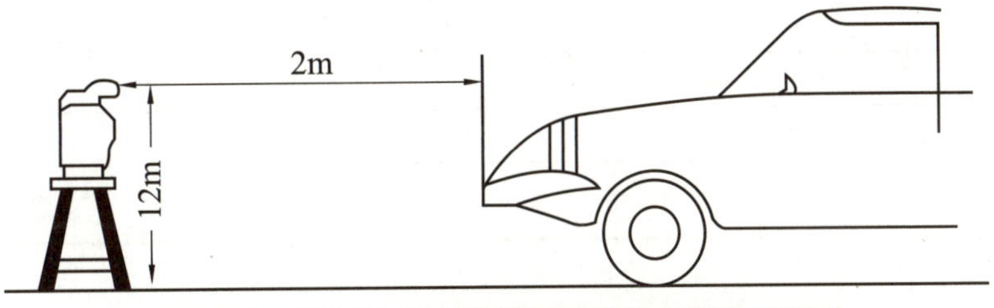

图 8–26　汽车喇叭噪声的测点位置

任务评价

教师评价反馈	成绩:

请实训指导教师检查本组任务完成情况，并针对实训过程中出现的问题提出改进措施及建议。

序号	评价标准	评价结果
1	规范完成维修作业前检查及车辆防护	
2	声级计的检查与校准	
3	车外噪声的测量方法	
4	车内噪声的测量方法	
5	驾驶员耳旁噪声的测量方法	
6	汽车喇叭声的测量方法	
7	正确判定检测结果是否符合要求	
综合评价	☆ ☆ ☆ ☆ ☆	
综合评语（作业问题及改进建议）		

自我评价反馈	成绩:

请根据自己在课堂中的实际表现进行自我反思和自我评价。

自我反思：____

____。

自我评价：____

____。

任务拓展

一、案例

群众反映有非法改装的车辆在大邑县的大双公路上发出轰鸣的噪声并快速在道路上行驶。5月12日，成都交警大邑大队在大双公路设置卡点，开展机动车超速和非法改装的专项整治。下午3时许，一辆白色轿车轰鸣而来，而民警通过测速设备发现该车行驶速度达到102km/h，而这一路段车辆限速70km/h，卡点执勤的民警立即将该车截停检查。经现场查验，该车还改装了发动机排气系统，存在擅自改变机动车外形和已登记的有关技术参数的违法行为。现场执法民警依据《中华人民共和国道路交通安全法》的相关规定，向驾驶员田某开具了《道路交通安全违法行为处理通知书》，并责令其将车辆恢复原状。该车驾驶员超速和非法改装的违法行为将面临550元以内罚款的行政处罚，其机动车驾驶证也将被记3分。

二、感悟

安全的交通环境和安静的生活环境，需要所有交通参与者共同维护，机动车非法改装不仅违法，还存在重大安全隐患，既不利于自己更不利于他人，害人害己，请拒绝非法改装，守法文明出行。

达标测试

一、填空题

轮胎噪声包括__________、__________、__________以及轮胎旋转时搅动空气引起的风噪声。

二、选择题

1. 汽车驾驶员耳旁噪声级别应不大于（　　）。

A. 30dB　　B. 60dB　　C. 120dB　　D. 90dB

2. 汽车进行噪声测量时，传声器与排气口端等高度在任何情况下距地面不得小于（　　）m。

A. 0.6　　B. 0.2　　C. 0.3　　D. 0.4

三、问答题

滤纸式烟度计的工作原理是怎样的？

参考文献

[1] 张飞，李军．汽车使用性能与检测［M］．北京：清华大学出版社，2015.
[2] 李兴卫．汽车使用性能与检测［M］．成都：西南交通大学出版社，2016.
[3] 陈纪民．汽车使用性能与检测［M］．北京：中国人民大学出版社，2011.
[4] 曾国文．汽车使用性能与检测（第2版）［M］．北京：中国劳动社会保障出版社，2017.
[5] 巩航军．汽车使用性能与检测技术（第二版）［M］．北京：人民交通出版社，2017.
[6] 杨益明．汽车使用性能与检测技术（第三版）［M］．北京：人民交通出版社，2016.
[7] 王忠良，吴兴敏，隋明轩．汽车使用性能与检测［M］．北京：北京理工大学出版社，2014.
[8] 李晓．汽车使用性能与检测［M］．北京：北京邮电大学出版社，2006.
[9] 王泽川．汽车修理与检测［M］．北京：中国劳动出版社，1999.
[10] 杜兰卓．汽车安全检测［M］．北京：人民交通出版社，2002.
[11] 曹家哲．现代汽车检测诊断技术［M］．北京：清华大学出版社，2003.
[12] 张建俊．汽车检测技术［M］．北京：高等教育出版社，2003.
[13] 嵇伟．新型汽车悬架与车轮定位［M］．北京：机械工业出版社，2004.